[意]弗朗西斯科·米洛 ◎编著 王昊 ◎译

北京日报报业集团
同心出版社

目 录

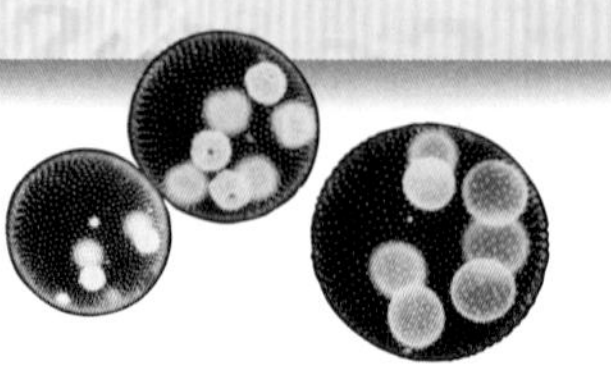

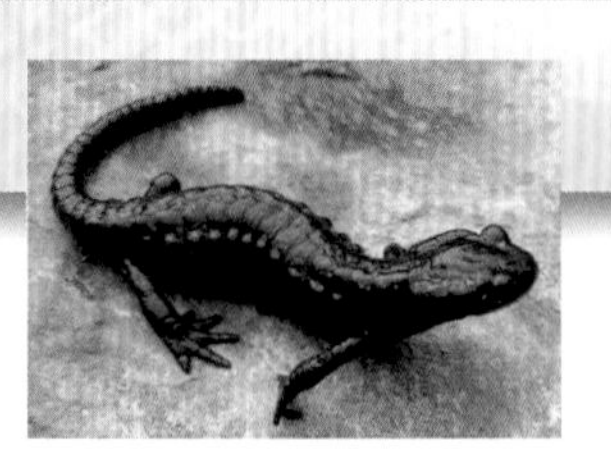

什么是动物

在地球漫长历史中，各种各样的生命形式一直交织在一起。40亿年前，生命的出现彻底改变了这颗行星的面貌。在距今大约7亿年前，隶属于动物王国的各种生物从其他生命形式中分离出来，经过漫长的进化过程，发展至今已知的就有约130万种。其中既有由单细胞构成的微生物，也有体长超过20米、重达150吨的蓝鲸。

动物类生物

为什么生命起源之谜至今仍神秘难解？

关于地球上生命的起源存在着多种假说，人们推测出了多种可能的环境。在那里，氮、碳、氢和氧原子相互作用，组合形成一种被称为氨基酸的分子。这种分子恰恰是组成蛋白质的基本成分，而蛋白质则是活性细胞中的重要物质。

但是，直到今天，所有细胞中都含有的另一类重要分子——核酸（包括DNA和RNA），其形成仍是一个谜。这类分子非常复杂，其中包含了遗传信息。正是由于它的存在，使得细胞得以进行有序的自我复制。

上图：最简单的海洋单细胞生物；左图：从宇宙空间鸟瞰地球。

地球是何时形成的？

根据科学家的研究，我们所处的宇宙大约形成于150亿年前，而地球的年龄大约有46亿年。和银河系其他天体的形成过程一样，最初曾有一个古老的天体在我们星系所在的位置爆炸，其后在这个区域的中心形成了燃烧的太阳，而围绕太阳高速旋转的各种致密物质逐渐形成一个个星球，地球也就这样出现了。

所有生命的祖先都是相同的吗？

事实正是如此。大约在距今38亿年前，在地球上的海洋深处出现了最初的生命形式——微生物，它们的样子非常类似于今天的细菌。这是一种简单的单细胞生物，也就是说每一个个体都只由一个细胞构成，并通过吸取环境中的无机物维生。可别小看它们，恰恰是从这些简单的生物开始，演化出了今天大千世界中丰富多彩的生命形态。

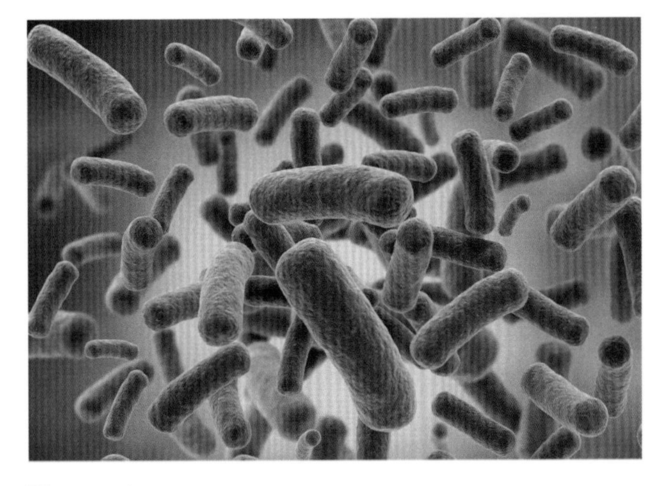

杆状细菌。

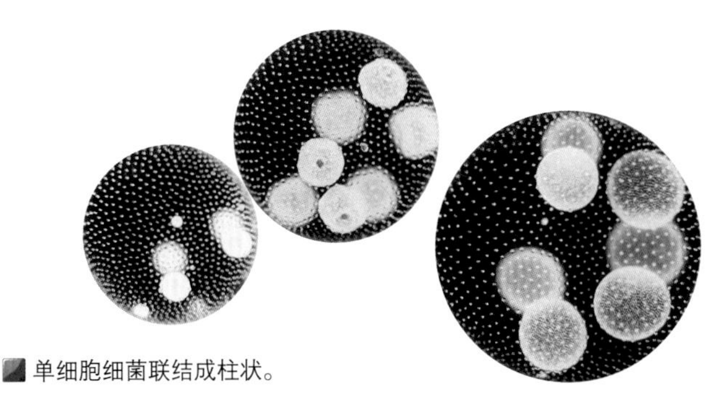

单细胞细菌联结成柱状。

又经过数亿年的演化，一些生命变得能够进行光合作用，也就是利用太阳的辐射能量，通过水和二氧化碳来制造自身细胞，氧气作为这种化学反应的副产品被释放到大气中。在此之后，又出现了最初的多细胞生物，它很可能是由一些特殊的单细胞生物彼此联结形成的。它们按一定结构排列联结，并分别承担生存所需的各项功能。

好奇心

哪种动物最古老?

研究认为，最古老的多细胞动物大约出现在距今7亿年前的海洋中，其中就包括至今仍广泛生活在全球各类咸水环境中的水母。单从外观上看，很难想象水母和其他最古老动物，例如珊瑚、石珊瑚、海葵和紫点海葵等之间有着紧密的亲缘关系，因为那些动物都需要固定在海床上生活，不能自由地移动。同样不能移动的还有海绵类动物，它们以过滤水中的微生物为生。

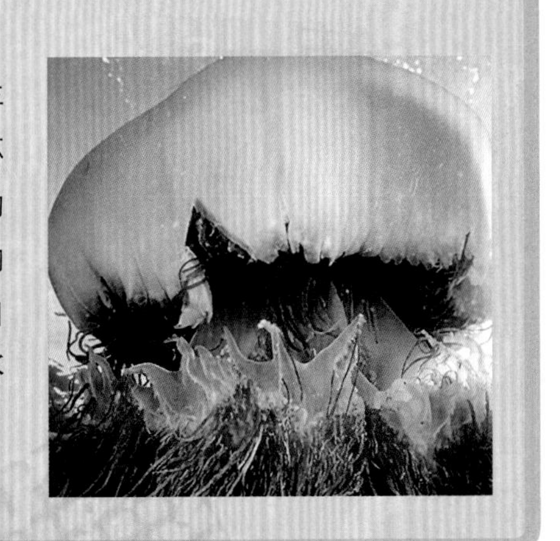

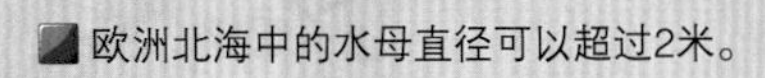

欧洲北海中的水母直径可以超过2米。

为什么有些动物常被误认为是植物？

属于动物界的生物物种包罗万象，既有软体动物，也有昆虫和脊椎动物。但它们应该都具有这样的共性：都以其他生物为食，并都能自主地移动，哪怕仅仅是在生命的某个阶段可以移动。但是，这些特点在某些成员身上却并不明显，比如海绵，因为它不会走动，随波逐流，或固定在水中的岩石、贝壳、水生植物或其他物体上，只是在幼虫阶段才有一条特殊的尾巴，能够在水中游动，因此常被人误认为是植物。类似的情况还有各种珊瑚。

为什么生物被分为五界？

根据生物不同的组织构造，特别是它们的进食和繁殖方式，可将所有生物分为五界，即原核生物界、原生生物界、真菌界、植物界和动物界。每一界的生物又可以分为不同层次的群体，群体越小则内部的亲缘关系越近。通过这种科学分类法所获得的最小群体被称为“种”，同种的生物所繁育的后代有绝大部分遗传信息是相同的，而这些后代又可以继续繁衍下去。

上图：一株成熟的海绵。

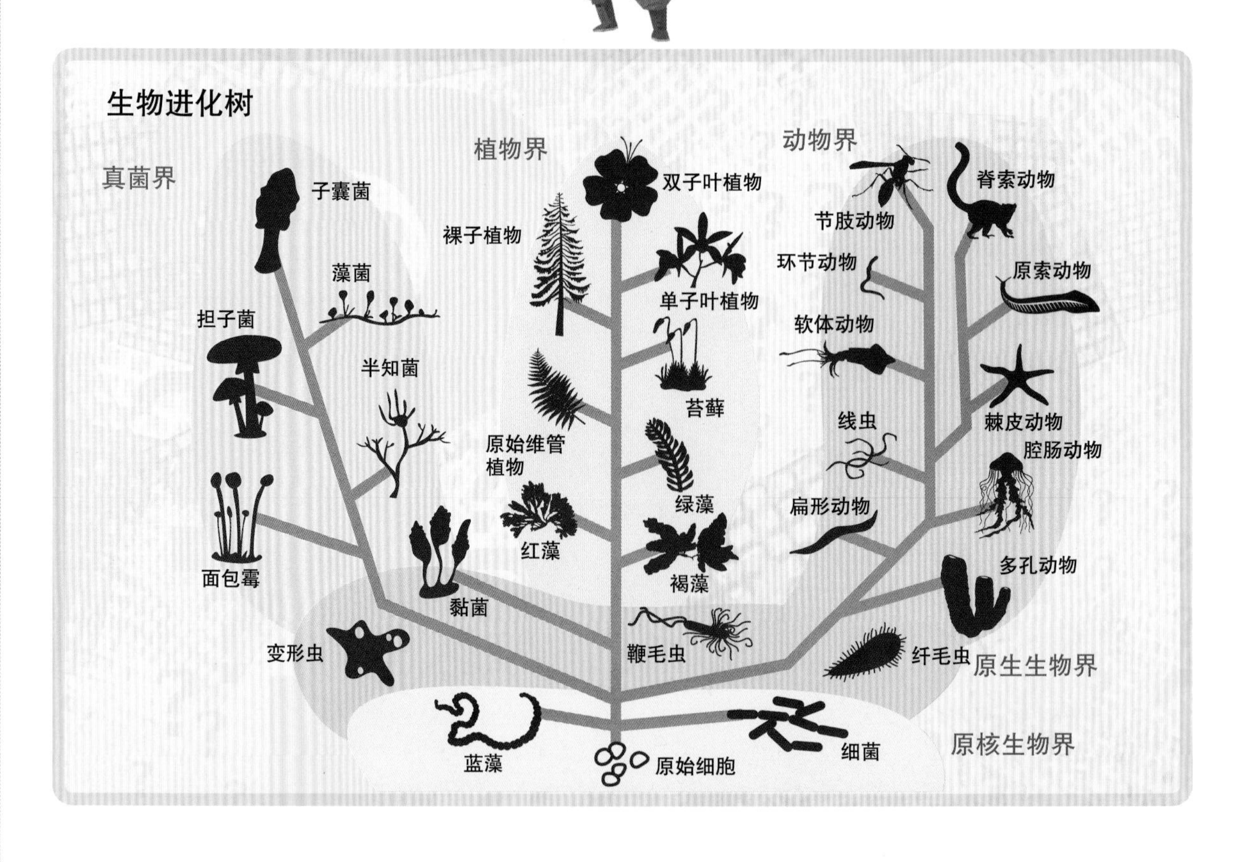

生命的秘密

细胞核里有些什么?

动植物体内的细胞不同于那些构成细菌等最简单生物的细胞，它的中心有一个由特殊的膜封闭并保护着的区域，称为细胞核。在这个核中我们可以找到叫作核酸的物质，特别是脱氧核糖核酸，也就是DNA。DNA是一种十分复杂的分子，有着双螺旋结构，如同一条长长的带子自我缠绕在一起。这种分子包含着遗传信息，可以对氨基酸合成蛋白质发出必要指令，以保证生物的生命活动。细胞核内的另一种重要分子是核糖核酸，即RNA，它的主要功能是把记录在DNA特定位置上的不同信息复制出来，将其移至细胞核外并释放到细胞的特定结构中，指导蛋白质的合成，进而完成一些特定的任务，最终保证生物能够有效生存和繁殖。

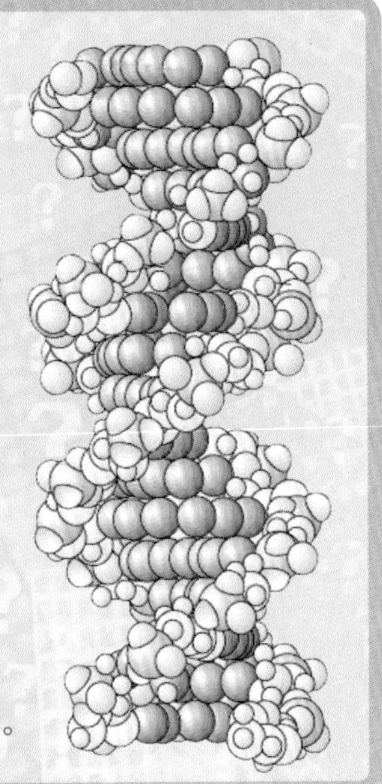

DNA的双螺旋结构。

所有动物的细胞结构都是一样的吗?

所有的生物都由一个或多个细胞构成。除细菌和一些藻类外，绝大部分生物的细胞结构都是相似的，它由包含遗传物质的细胞核及担负特定功能的细胞器构成。所谓细胞器是浸泡在果冻状细胞质中的一些特定结构，它们由细胞器膜包裹并保护。

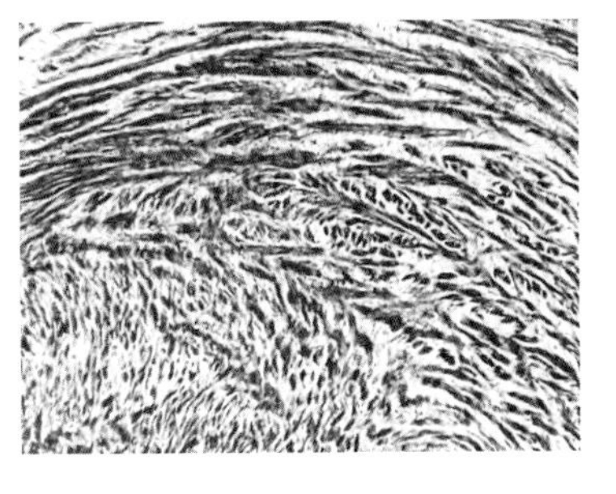

尽管基本结构相似，但各种细胞之间还是有区别的，并非完全相同。比如它们的大小体积不同，细胞内细胞器的数量和复杂程度也不尽相同。这种不同主要取决于它们在生物体内所属的器官和所担负的功能，比如肌肉纤维细胞，它的形状狭长，内部有许多简单的肌动蛋白丝，可以帮助细胞有效地改变形状并反复收缩。

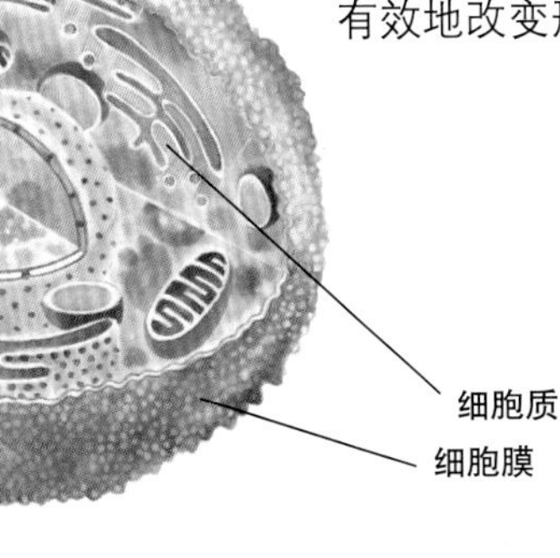

右图：动物细胞结构图；右上图：高倍数显微镜下观察到的肌肉组织。

物种及其分类

为什么说现今的各种动物是漫长进化的结果？

现今地球上的各种生命并非一直都是我们所看到的这个样子。在数亿年的岁月中，从最初的共同祖先开始，生物就在一代又一代地不断发生演化，以适应环境的改变，寻找新方法来获得生存所需的资源。正因为如此才造就了今天大千世界异乎寻常的复杂性和多样性，同时也使得一些简单却有效的结构和功能得以保留至今。我们将这样的过程称为物种进化。这一科学观点是在19世纪中叶由英国科学家查尔斯·达尔文提出的，他最终在理论上阐明物种并非是一成不变的。

英国生物学家达尔文

对于进化过程存在哪两种不同的理论？

达尔文的进化论一提出，关于如何解释新物种的产生过程就存在两种不同的理论。一种是渐进论，属于经典达尔文进化论。它认为来自同一祖先的不同物种间的巨大差异，实际上是一代代繁衍中产生的细小变化不断积累的结果。进化是总在发生的，是渐变的，生存环境的改变是物种进化的源动力。另一个学说是间断进化论，这一理论认为生物的进化是基于基因突变，新物种会在较短的时间内突然出现的，然后在一段较长时间内稳定遗传，进化的目标是对新的生态环境的适应，新物种可以在一出现时就与原始祖先有巨大的差异。

从鱼到陆生脊椎动物的进化过程。

分类学知识

动物界是如何分类的？

我们首先将动物界划分为几个大类，称为门——整个动物界共有30多个门。例如，和我们一样以一根骨干支撑身体的动物，都被归为一门，即脊索动物门。每一门中又可分为不同的几类，称为纲，例如在脊索动物门可分为哺乳纲、爬行纲、鸟纲、硬骨鱼纲、软骨鱼纲和两栖纲等。纲下又分为不同的目（例如哺乳纲内包括食肉目、灵长目等）。同一目内再分为不同的科（例如食肉目包括犬科、猫科等）。每科再细分为不同的属，属下则分为种（或称物种）。例如猫科中的豹属就包含狮、美洲豹、豹和虎四个种。种是生物分类的基本单位，是生物分类法中最后一级。

为什么生物的学名都是拉丁语？

现代生物分类学最初是由瑞典博物学家卡尔·林奈在18世纪提出的。当时世界各国科学家所公认的"通用语言"是拉丁语，在之后的一个世纪中，这门语言在大学和学术界被广泛使用。林奈提出了一种简洁而清晰的方法，也就是"双名命名法"（简称"双名法"）为生物物种命名。每个物物种的学名由两个拉丁词来组成：第一个词表明生物所在的属，称为"属名"，第一个字母必须大写；第二个词则为形容词，表明该生物与同属的其他生物的区别，从而界定它的种，称为"种加名"，这个词要小写。两个词在书写时都要用斜体。例如，我们人类的学名就写作*Homo spapiens*（智人）。

瑞典博物学家林奈

种与种群这两个概念有什么区别？

在细化的生物分类学体系中，比种更小的一个层次被称为亚种，这个类别被用于区分同一种中总体明显相近而又略有不同的各个群体。而为了指明同一种中某个具有明显标志性共同特征的群体，并有效地将它与其他群体区分开，我们有时也会使用种群（描述人类时常被称为“种族”）这个概念。在大多数情况下，同种中不同亚种或种群的动物均可以杂交并繁育出健康的后代。

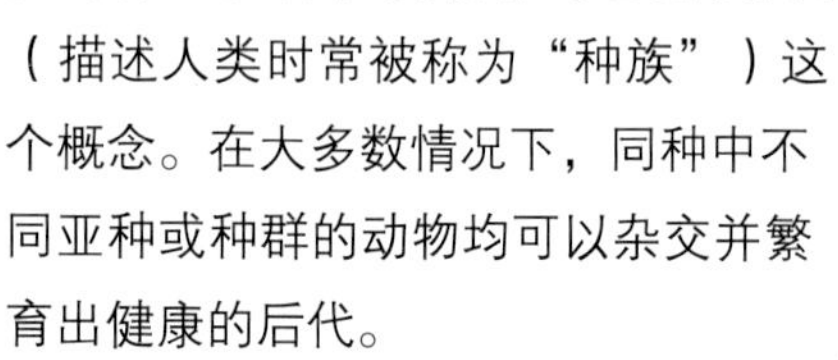

物种和品种这两个概念有什么区别？

“物种”是生物分类学的基本单位，是互交繁殖的自然群体，与其他群体在生殖上相互隔离。“品种”是指来自同一祖先，基本遗传性稳定一致的群体。这个词主要于家养动物或人工饲养

这些可爱的小狗差别很大，但它们都同属于家犬亚种。

什么是自然选择？

生物进化的理论以自然选择学说为基础。该学说认为，更能够适应环境的生物个体，因其生理或行为特征更能有效地获取资源，所以较之其他个体更容易生存和繁殖。这种生存竞争缓慢而渐进地在生物群体中展开，并最终演化出互不相同的物种。比如因为地震或火山喷发等自然现象，同种生物在地理上被分为相互隔绝的两群或几群，当它们的后代再相见时就可能已经演化成了不相同的物种。

自然选择造成了长颈鹿的祖先脖子越来越长。

并育种的动物。

在界定自然种群中某个具有相同特征的群体时，也会用到“种”这个概念。但要注意，这种界定并不是每次都有效，特别是这种方式完全不适用于我们人类自身。人类无论其长相、肤色有无差别，从遗传学角度上来说都是同一个“物种”。

全人类都属于同一个物种：*Homo sapiens*（智人）。

为什么说突变和有性繁殖在进化中起到了不可或缺的作用？

如果没有DNA的突变现象，进化将是不可能出现的。所谓突变，就是最简单的生命形式通过倍增而后分离自身细胞的方式来进行无性繁殖时，在细胞复制的过程中，DNA包含的无数遗传信息可能会在复制中产生一些微小的错误，从而使新生生命较之其父辈，在生命特征上出现的一些不同。这些细小的差别有可能会帮助新个体更好地生存下去，而新的遗传特征也会被一代代传递下去。

有性繁殖则是进化进程中的一项重大飞跃。这种繁殖方式可以通过父母双方遗传物质的交换产生新的基因组合，从而保证后代产生更多变化，具有更多有别于父母的新特征。

下左图：染色体——细胞核中承载遗传信息的结构；下右图：母猫及遗传了不同毛色的小猫。

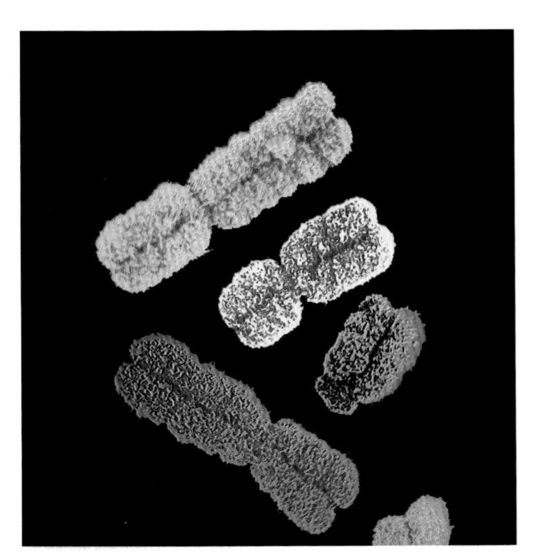

门、纲、目和科

地球上存在着极为丰富的生物资源，直至今日仍不断发现新的生物物种。为了更好地归纳这种多样性，科学家们根据各种生物的形态特点和亲缘关系，对其分门别类，将它们归为不同的分类等级，并以门、纲、目、科来命名。有时也可以用一些形态特征来为生物划分类别，例如可用是否具有纵贯身体的脊椎骨将动物分为成两类——脊椎动物和无脊椎动物。

这张蛋糕一样的分类图可非常直观地告诉我们无脊椎动物和脊椎动物的大致分类及物种比例。

无脊椎动物

在这些没有脊椎骨架的动物中，较原始的类别为多孔动物门（海绵）、棘皮动物门（海胆、海星和海参）、腔肠动物门（海葵、石珊瑚、珊瑚、水母），软体动物门中的双壳纲（贻贝、蛤、牡蛎、花蛤、蛏子）、腹足纲（帽贝、海蜗牛、蛞蝓、陆生蜗牛）、头足纲（鱿鱼、墨鱼、章鱼），以及扁形动物门（绦虫）、线虫动物门（蛔虫）和环节动物门（蚯蚓）。

节肢动物门

较为高级的无脊椎动物体表已经进化出了一身外在骨骼，这类动物被划为节肢动物门。具体可划分为多足纲（马陆、蜈蚣）、蛛形纲（螨虫、蜱虫、蜘蛛、蝎子）、甲壳纲（虾、蟹、寄居蟹、龙虾），以及不同目的昆虫，有约110万种，几乎占全部动物种数的84%

脊椎动物

鱼类

鱼类分多个纲，种类最多的是软骨鱼和硬骨鱼纲。软骨鱼纲有3个目：鲨目（鲨鱼、角鲨）、鳐目（孔鳐、大尾鳐、犁头鳐和锯鳐）和银鲛目（银鲛）。硬骨鱼纲则有10多个目，例如鲟形目（鲟鱼）、鳗鲡目（鳗鱼、海鳗）、颌针鱼目（颌针鱼、飞鱼）、鲤形目（鲤鱼、鲑鱼）、鲱形目（沙丁鱼、鳟鱼）、鳕形目（大西洋鳕鱼、无须鳕鱼）、刺鱼目（刺鱼、海马）、鲈形目（鲻鱼、海鲷鱼、金枪鱼）、鲽形目（比目鱼、舌鳎）、鲇形目（猫鱼）、鲉形目（天蝎鱼、狮子鱼）、鲀形目（河豚、翻车鱼）。

两栖纲

两栖纲动物的分类非常复杂，因为这类动物的进化始终没有完全停止，因此总会有新的物种出现。其中的有尾目包括：钝口螈科、两栖鲵科、隐腮鲵科、无肺螈科、洞螈科、蝾螈科、鳗螈科。蚓螈目包括：真蚓科、鱼螈科、吻蚓科、盲游蚓科。而最为庞大的是无尾目，包括为数众多的物种，例如：蟾蜍科、箭毒蛙科、盘舌蟾科、树蟾科、泥蟾科、负子蟾科、赤蛙科。

爬行纲

如同两栖纲一样，爬行纲的准确分类至今在学术界仍然存在较大争议。现在比较公认的划分为：有鳞目，包括鬣蜥科、蚓蜥科、蚺科、变色龙科、游蛇科、壁虎科、蛇蜥科、蝰蛇科等；龟鳖目，包括海龟科、棱皮龟科、泽龟科、象龟科、陆龟科、鳖科；鳄目则包括鼍科、鳄科和长吻鳄科。

鸟纲

鸟纲又可以详细划分为30多个不同的目，其中主要的有：雀形目（夜莺、燕子、知更鸟、椋鸟、乌鸫、黑顶林莺、喜鹊、小嘴乌鸦、琴鸟）、鴷形目（啄木鸟、巨嘴鸟）、雨燕目（雨燕、蜂鸟）、鸮形目（大多为夜行猛禽，如各种猫头鹰）、鹃形目（杜鹃）、鹦形目（鹦鹉、凤头鹦鹉）、鸽形目（信鸽、斑鸠、灰斑鸠）、鸻形目（丘鹬、黑翅长脚鹬）、鸡形目（家鸡、雉鸡、孔雀、火鸡、珍珠鸡）、鹈形目（鹈鹕）、鹱形目（信天翁）、隼形目（主要是各类猛禽，如鹰、兀鹫、隼）、雁形目（天鹅、鹅、鸭子）、鹳形目（鹳、火烈鸟）、几维目（几维鸟）、鸵鸟目（鸵鸟）、企鹅目（企鹅）。

哺乳纲

哺乳纲也大约包含30多个不同的目，主要有：偶蹄目（猪、河马、骆驼、长颈鹿）、食肉目（犬科动物、猫科动物、熊类、鼬科动物、浣熊科动物）、鲸目（抹香鲸、海豚、鲸鱼、蓝鲸）、翼手目（蝙蝠）、食虫目（刺猬、鼩鼱、鼹鼠）、兔形目（包括家兔和野兔）、有袋目（负鼠、袋鼠、袋熊、树袋熊）、单孔目（鸭嘴兽、针鼹、长吻针鼹）、奇蹄目（貘、马、犀牛）、灵长目（狐猴、猴子、人）、长鼻目（大象）、啮齿目（老鼠、松鼠、旱獭、仓鼠、海狸、豪猪）、贫齿目（食蚁兽、树懒、犰狳）、海牛目（海牛和儒艮）。

其他重要的分类方法

为什么研究化石遗骸能帮助我们重现生命演化的历程?

解剖学和生理学上的比较研究，也就是比较不同物种动物的生态特征和器官功能，是我们了解它们之间亲缘关系的一个主要手段。事实上，来自共同祖先且亲缘关系不过分疏远的动物，在很多方面往往具有相同或相近的解剖特征。通过同样的比较方法，我们通过研究古代生物的身体及器官化石遗骸，就可以重现生命演化的历程，发现今天形态千奇百怪、功能极其不同的各种动物是如何从一个共同的远古祖先一步步进化而来的。

为什么无脊椎动物物种会如此众多?

在今天我们这个星球上的动物中，超过95%的绝大多数动物都来自7亿年前在远古海洋中诞生的那些古老动物。研究发现，那些最古老的动物往往身体柔软，没有体内骨骼支撑，就像水母或蠕虫一样。或者具有自我保护的外部骨骼，就像甲壳类、蝎子、蜘蛛和其他昆虫一样，它们都属于数量最多的一个门，也就是节肢动物门。大多数无脊椎动物都具有一个共同的特性，就是它们自卵中出生的后代在形态上与成年个体差异很大，后代往往要通过多次不同程度，甚至是天翻地覆的变态过程才能具备成年个体的最终形态。

左图：5亿年前海生动物的复原图；上图：一块鹦鹉螺化石。

为什么脊椎动物的祖先至今尚不明确？

谁是脊椎动物的祖先至今依然是学术界的一个未解之谜，这主要是因为我们至今也没有搞清是哪一种动物最早进化出了类似于原始脊柱的背部组织。当下较为普遍接受的一种假说认为，距今5亿年前的原始海洋中，一种类似今天海鞘的生物是脊椎动物的共同祖先。这种古海鞘个体很小，它们成年后固定生活在海底的海床上，靠过滤水中的浮游生物及有机物颗粒为食。但当它们还是幼虫时，却可以像蝌蚪一样自由游动。在这个阶段，它们具有一个类似尾巴的结构，可以被认为是最早的脊柱雏形。除此以外，海鞘尾管内有神经系统，这也与后来的脊椎动物十分相似。也正是因为如此，在分类学上，海鞘被归入了脊索动物门尾索动物亚门海鞘纲。

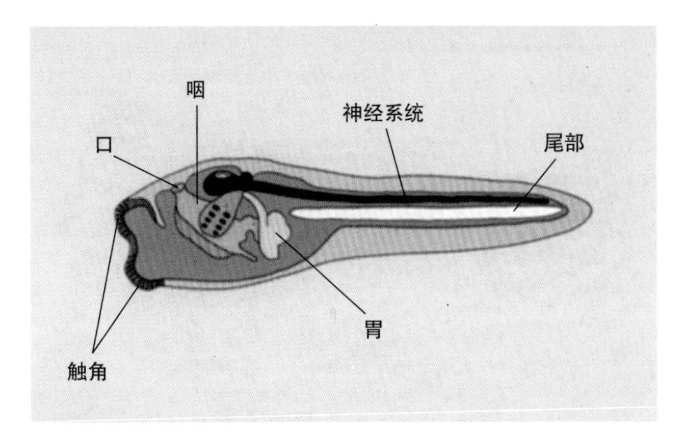

海鞘幼虫的身体结构。

生命的秘密

动物身体的结构对称性是什么意思？

绝大多数情况下，动物的身体都呈现出一种对称的结构，有的表现为两侧对称，而有的则是辐射对称。那些辐射对称的动物，它们的身体往往围绕一个中心轴均匀展开，这样从任何一个穿过中心轴的截面看去，动物体都被平均分为两个相同的部分，水母就是一个最好的例子。所谓两侧对称，就是可以在动物身上假想一个面，称为对称面，它可以将动物躯体平均剖为相同的两部分。从昆虫到哺乳动物，在动物界中这样的例子比比皆是，不胜枚举。此外，还有一些动物身体悠长，可以被分为不同的节，每节几乎都是相同的，称为同律分节，其最好的范例是蚯蚓。

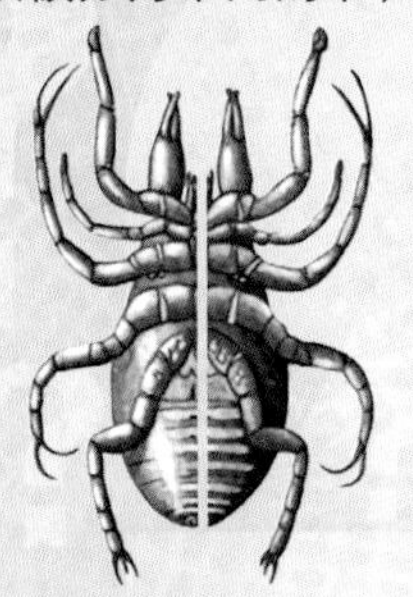

两侧对称

辐射对称

同律分节

幼鸟破壳而出的过程。

何为卵生？何为胎生？

另外一种划分不同动物类群的方法是看它们的繁殖方式。在大多数情况下，动物都是有性繁殖的。也就是说，新的个体来自两个由父母双方提供的不同细胞，我们称之为配子。其中雄性的配子叫作精子，而雌性的配子叫作卵子。而根据胚胎的发育方式，有性繁殖动物又可分为两大类。一类是卵生，它们的胚胎在母体外发育，外表覆盖有一层具有一定保护能力的硬壳，通过卵内的营养物质维持生命。这种特殊的“胶囊”差异很大，大的有十几厘米（例如鸵鸟蛋），小的只有几微米。与之相反，胎生动物的胚胎在母体内发育，通过母体获得营养物质。

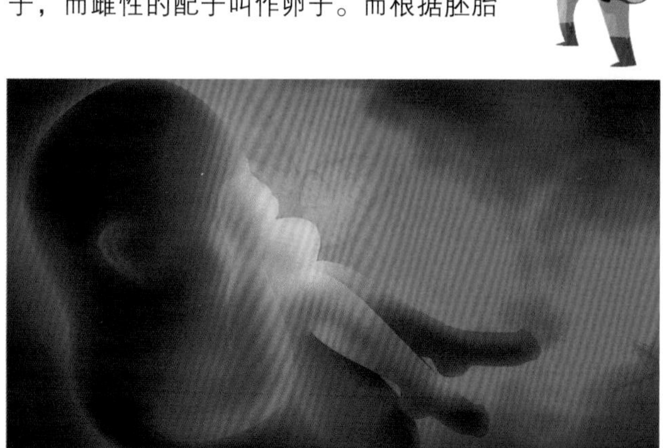

左图：哺乳动物的胚胎完全成形，被称为胎儿；下图：火鸡，一种可以进行孤雌生殖的鸟类。

什么是孤雌生殖？

孤雌生殖是一种非常特殊的繁殖方式，即在一些特殊条件下，卵子不经过受精即可发育形成新个体。这种繁殖方式常见于一些无脊椎动物，这保证了它们的物种即使在极端条件下，不通过两性个体的结合也能将种群繁衍下去。而观察发现，在很罕见的情况下，一些脊椎动物如蛇、鱼和特殊的鸟类也可通过孤雌生殖来繁育下一代。

生命如何运转

动物是如何繁殖的?

那些最简单的生物一般进行无性繁殖：一个成熟个体上的一部分会从原个体上分离，直接生成新的个体。因此，在不发生突变的情况下，新个体与原个体的遗传特性是完全相同的。而大部分其他动物则通过交叉受精来进行有性繁殖，即两个异性个体通过特殊类型细胞，也就是所谓的配子相互结合，产生胚胎，并由胚胎发育为新的个体。新个体具有来自父母双方的遗传特征，也就是说与父母都相似，但都不相同。

还有一些生物能自我受精繁殖。这种情况下，雄性和雌性配子来自同一个体的不同器官，我们称之为雌雄同体。

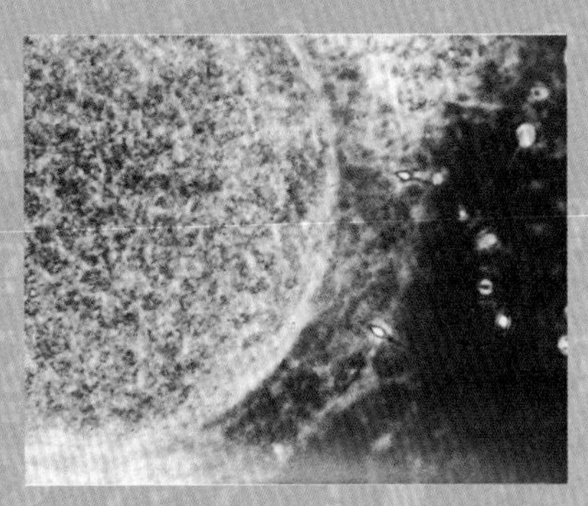

雌性配子，也就是卵子，体积远远大于雄性的精子。

为什么有些动物很难被分类?

有一些动物，因为十分罕见且外貌特征非常独特，往往兼具不同类型动物的特点。因此，当它们被发现时，无疑给分类学家提出了难题。比如单孔目动物，它们身上的一些特征既像爬行动物，又与其他哺乳动物相似。因此，单孔目被认为是连接前后两者的过渡性环节，也就是最古老的哺乳动物类型。

上图：长相奇怪的鸭嘴兽；下图：短吻针鼹。

就像爬行类、两栖类和鸟类动物一样，单孔目动物肠子的末端被称为泄殖腔，排粪、尿和生殖等功能在这里合并进行。而且，它们还是卵生的，通过产卵来繁殖。但另一方面，它们又像其他哺乳动物一样有着皮毛和乳腺。

单孔目可划分为三个科，即鸭嘴兽科、短吻针鼹科和长吻针鼹科，它们毫无例外地生活在澳大利亚、塔斯马尼亚和新几内亚地区。

较原始的无脊椎动物

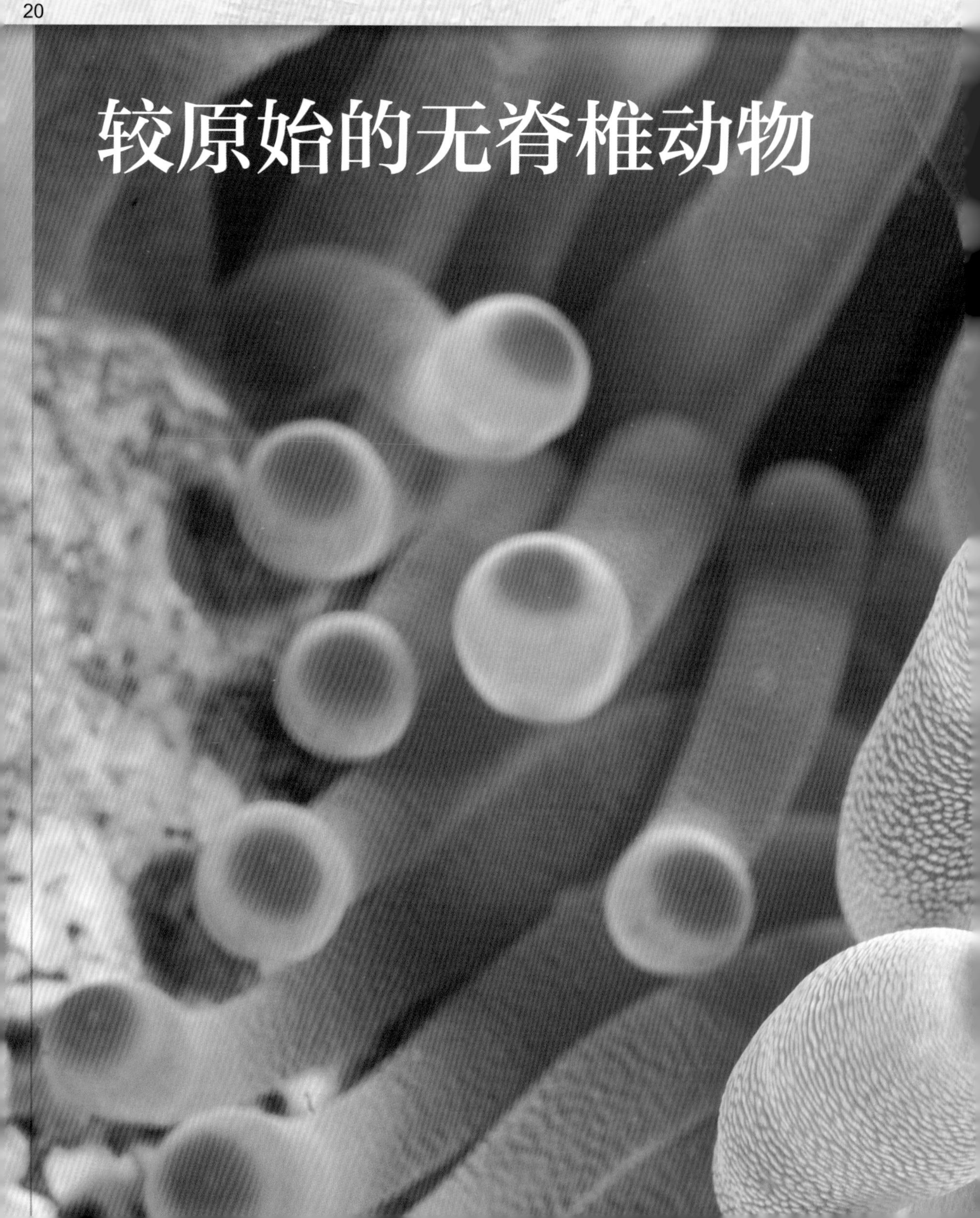

那些亿万年前出现在原始海洋中的古老生命，它们中的一些成员直到今天仍顽强地生存着。它们都是一些最简单的无脊椎水生动物，比如海绵、珊瑚和水母。它们的体型各不相同，小到几毫米，大到几米不等。同样，还有一些结构相对复杂的无脊椎动物，它们的起源同样非常古老，至今也仍生活在各个气候带的海洋或陆地潮湿地区。这些动物包括蠕虫、贝壳、蜗牛、章鱼和海星，它们虽然分属不同的门类，但总体上都拥有各不相同但相对简单的组织和器官。

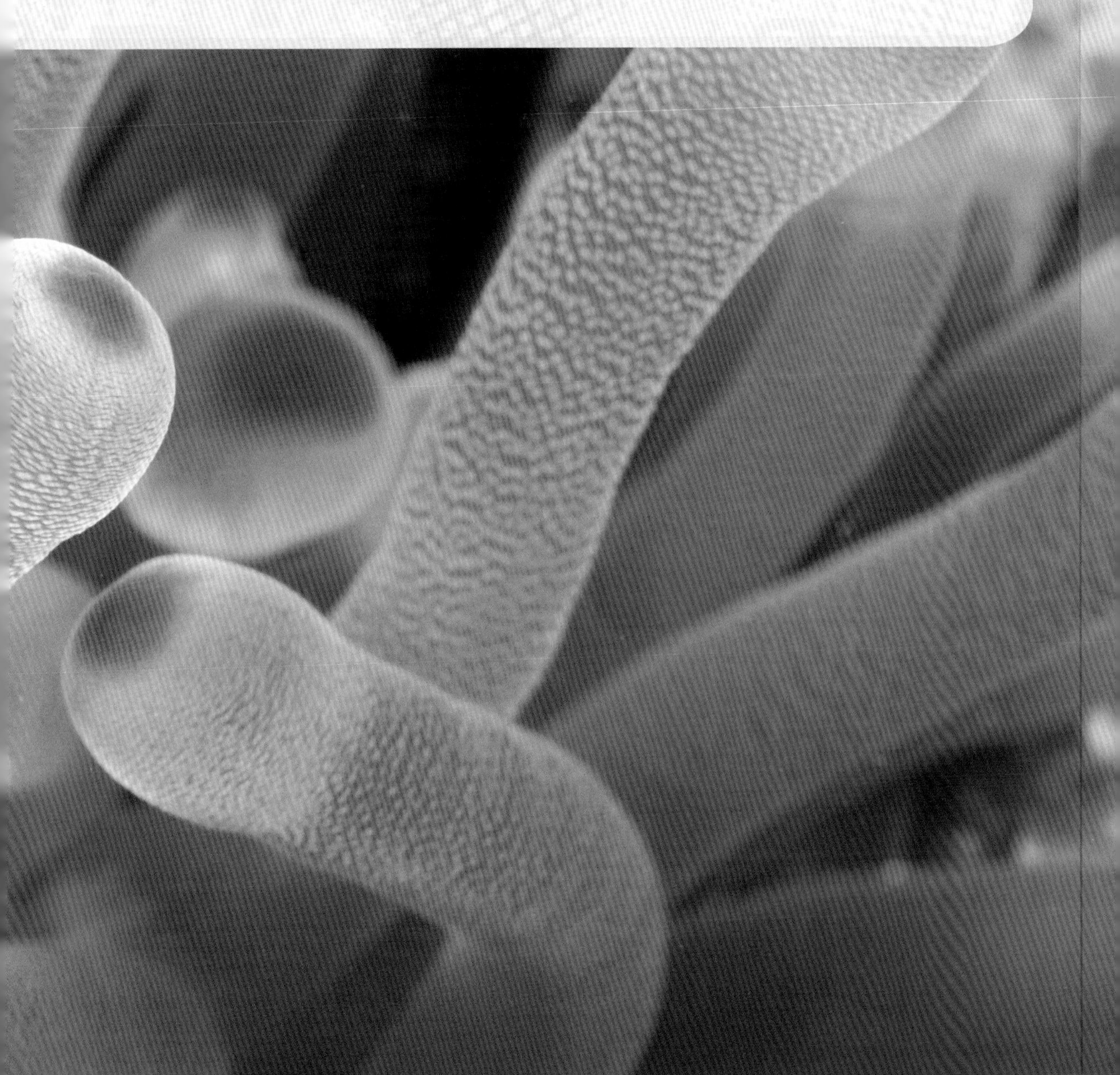

远古水生生物

为什么说原生动物是“准动物”？

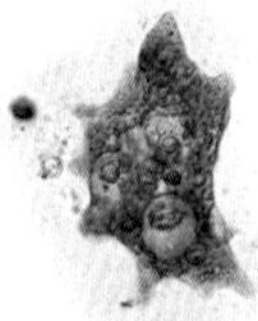

原生生物界包括数量极其庞大、种类众多的各类微生物。它们大多由一个细胞构成，细胞中的细胞器起着类似更复杂生物体内器官的作用。它们中的一些成员，生活方式非常类似动物，即通过食用其他生物来获得自己生存所需的养料，因此它们又被称为原生动物。它们中有的身体形状不定，如变形虫；也有的外形相对稳定，如草履虫和纤毛虫，它们往往拥有类似玻璃或角质组成的结构，以支撑身体。一般情况下，原生动物通过直接细胞分裂进行繁殖。许多原生动物都寄居在其他生物体内并通过寄主获得营养，因此也被称为寄生虫。它们往往会给寄主带来疾病侵害。

上图：变形虫；中图：草履虫；下图：长在海床上的一株海绵。

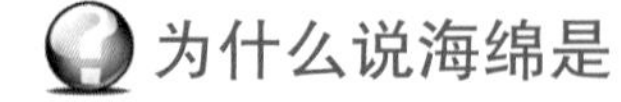

为什么说海绵是一种最简单的动物？

和原生动物相比，多细胞生物要复杂得多。它们由各种特化细胞相互聚集，通过分工合作而组成不同的组织，进而构成器官和系统，从而构成生物本身。但也存在一些动物，它们的细胞仅仅是聚集但并未形成真正的组织。这类动物中的绝大部分都生活在水中，被称为多孔动物，其中最典型的就是海绵。海绵体内的绝大部分细胞都没有发生分化，海水从一个主入口进入海绵体内，再通过它肉质表面上的无数小孔排出，在此过程中那些彼此相同的细胞无差别地从水中吸取维持生命所需的养分。多孔动物的细胞仅有少数是分化的，有些是为构成支撑身体的架构，有些是为了抓住海床，还有些是为了繁殖的需要。它们既可以通过一种被称为“出芽”的方式无性繁殖，也可以进行有性繁殖。

为什么说珊瑚、水螅、石珊瑚、海葵和水母是近亲?

因为这些水生动物初级分化的细胞均仅仅组成了一些最简单的器官。它们身体的主要部分是一个空腔，其中充满了水。它们仅分化出两种不同的组织，一种负责体内，从水中吸取营养；另一种负责体外，主要是帮助身体移动。

在它们的整个生命历程中，最关键的是第一阶段，也就是幼虫阶段。它们此时可以自由地在水中移动，例如水螅是靠触手在海床上走动，而水母则在水中游动。同样的，水母的繁殖方式是有性的，而水螅可以进行无性繁殖，也就是“出芽”方式——每个母体上逐渐长出一个延长部，最终延长部从母体上脱落形成新的个体。

海葵会使靠近它的动物感到刺痛，但却无法伤害小丑鱼。

分类学知识

什么是腔肠动物?

珊瑚、水螅、石珊瑚、海葵和水母，尽管它们形态差异很大，却都属于同一类动物，即腔肠动物。这是因为它们采用相同的进食方式，即通过体内的一个“口袋”来吸收水中的浮游生物及有机物质为生，这个口袋被我们称为“腔肠”。这个腔肠一般只有一个开口，它既是嘴巴，同时也是将个体不能吸收的物质吐出的排泄口。腔体内有许多触角，它们能有效地捕捉水中的“猎物”。人们根据这个特点将这类动物划为腔肠动物门，目前，也有科学家称之为刺胞动物门。

上图：一株红珊瑚的枝干；左图：海葵的腔肠和其中的触角。

红珊瑚是大海中的一道美丽风景。

为什么红珊瑚越来越少？

在全世界的海洋中大约生活着6000多种各类珊瑚，而其中最为高贵的非地中海红珊瑚莫属。它的形态一般为树状，高约十几厘米，全身通红，十分艳丽。成年珊瑚虫将卵和精子排入海水中，受精通常在海水中发生。受精卵发育为带纤毛的幼虫，幼虫游动到海床上固定后逐渐演化为水螅体，或者以出芽的方式在原来的珊瑚柱上继续繁殖。成熟的珊瑚会分泌出石灰性物质包裹在自身周围，形成如同树皮的外骨架，形状就像一只高脚杯，而水螅体居住在这个“杯子”里，一旦受到外部攻击就会退到杯中。珊瑚繁衍成群体，新的水螅体生长发育时，其下方的老水螅体死亡，但骨骼仍留在群体中，久而久之就形成了珊瑚树。火红的珊瑚自古就因为其美丽而受到人们的推崇，随着人类的不断捕捞和自然环境因污染而日渐恶化，红珊瑚也变得愈发稀少。

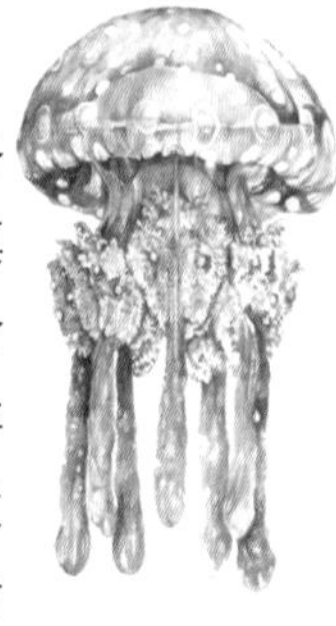

为什么水母会蜇人？

水母的身体通常呈伞形，在伞的边缘有一圈触手。与其他腔肠动物不同的是，水母可以通过收缩外壳挤压内腔的方式改变内腔体积，喷出腔内的水，通过喷水推进的方式在水中移动。而借助那些弯弯曲曲的触手，水母可以有效地改变运动方向。水母的触手的前端有许多刺细胞，刺细胞内是含有刺丝的刺丝囊。在碰到物体时，刺丝囊内的压力促使刺丝散开，刺细胞会如同子弹一样弹出，并注入毒液。这是水母麻痹和杀死猎物的终极武器。对人类来说，大部分水母的蜇伤并不致命，一般会造成疼痛和皮疹，严重时会发烧和肌肉痉挛。

被水母蜇到后要先去除触手，一定用海水冲洗蜇伤的部位，然后用小刀刮掉刺细胞。如伤势严重应去医院治疗。需要注意的是，即使是已经死掉的水母，其触手也会射出刺细胞，因此不要随意玩弄被冲到海滩上的水母。

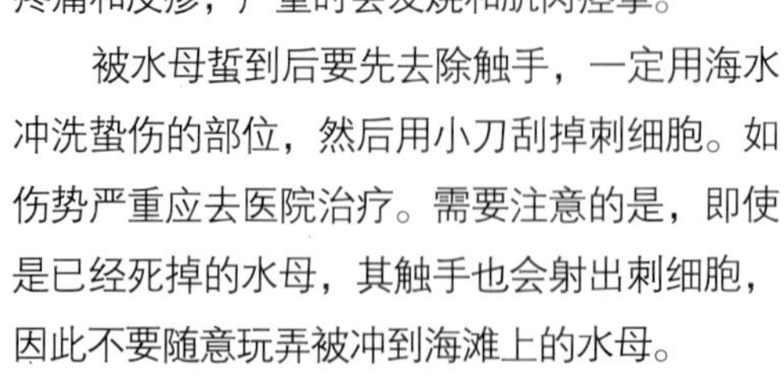

为什么说水母是主动捕食者?

一只典型的地中海肺状根口水母。

水母的神经系统比其他腔肠类动物要复杂得多，它已经具备了两种原始的感觉器官，一种可以记忆自身的空间位置变化，而另一种则能帮助其定位光源的方向。和其他更高级的动物相比，水母的这些器官还是很简单的，但却足以造就出一个熟练的“猎手”。水母通过向下张开的嘴，吸食海底的小型甲壳类动物。但也有一些类型的水母，它们吸食所遇到的所有动物，包括其他的水母和它们自己的幼体。一些特殊种类的水母直径可以达到2米以上，主要以在深海中吸食鳀鱼、鲱鱼、沙丁鱼和马鲛鱼的幼鱼为生，它们同样也会侵害自身种群的幼体。

生命如何运转

水母是如何繁殖的?

水母可以是雌雄同体的，即在同一水母身上具有不同性别的两个器官；也可以是雌雄异体的。无论哪种情况，它的精子和卵子都会排放在水中并在水中完成受精过程，受精卵逐渐发育成细胞群并形成能自由游动的浮浪幼虫。浮浪幼虫在短暂浮游一段时间后会固定在海床上并成长为水螅体，发育出口部和触手。这个水螅体再通过无性繁殖生成横裂体，顶端释放水母幼体。水母幼体最终生长为成年水母。

水母的水螅体。

令人惊异的水母

对于我们人类来说，水母是一种迷人而又烦人的动物，和它相处时总得小心翼翼，时刻提防被它蜇伤。但研究发现，水母在维持海洋自然平衡中具有不可或缺的作用。这是因为它吃下食物后的消化产物，往往可以成为其他动物的食料。同时，因为它主要以浮游生物为食，因此会吸收大量的二氧化碳，而这些二氧化碳正是造成全球变暖的重要原因之一。

海月水母

海月水母（*Aurelia aurita*）主要分布在北欧的东大西洋海岸及北美洲的西大西洋海岸。在其伞体的中间部分有4条明显的环形结构，那是它的生殖器官。它有短而蜇人的触手，伞体直径一般为29～49厘米。

太平洋黄金水母

太平洋黄金水母（*Chrysaora fuscescens*）主要分布在东太平洋，日本海域有活动记录。它颜色金黄，伴有红色调，伞体直径可达1米，而24只触手的长度可超过4米。它的学名来自希腊神话中挥舞黄金剑的巨人克律萨俄耳。

夜光游水母

夜光游水母（*Pelagia noctiluca*）广泛分布于世界各大洋的温暖水域。它的伞体为半球状，直径可达15厘米，加上触手后，身长可达40厘米。它的特殊之处在于能发出绿色光芒。

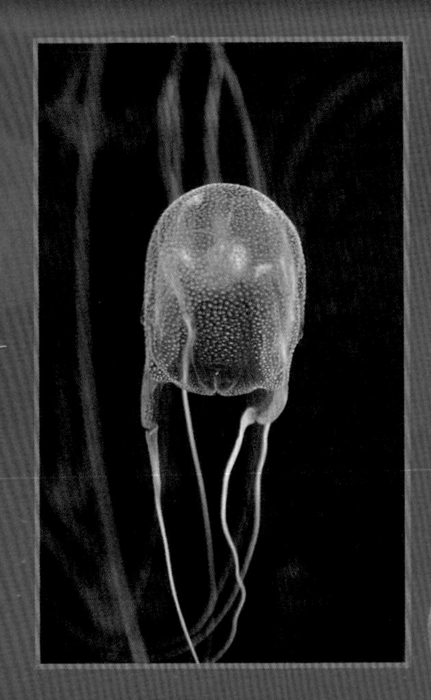

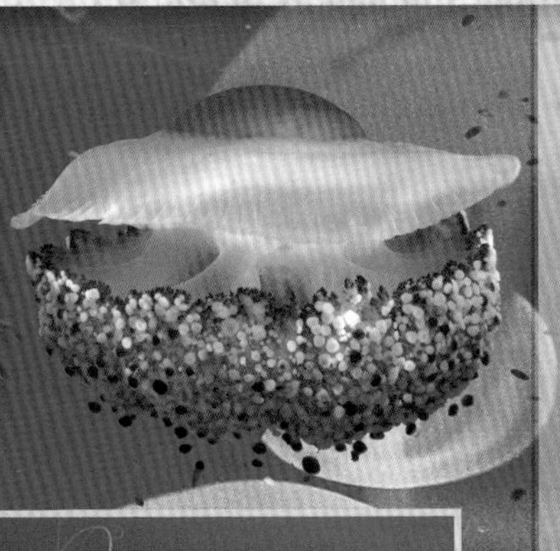

蛋黄水母

蛋黄水母（*Cotylorhiza tuberculata*）水母在地中海地区广泛分布，人们经常可以在海岸沿线看到它。它的伞体为鲜艳的黄色，直径可达30余厘米并呈现模糊的边缘。在它短小的触手上有许多紫色的斑点，一般是一些特殊单细胞藻类。

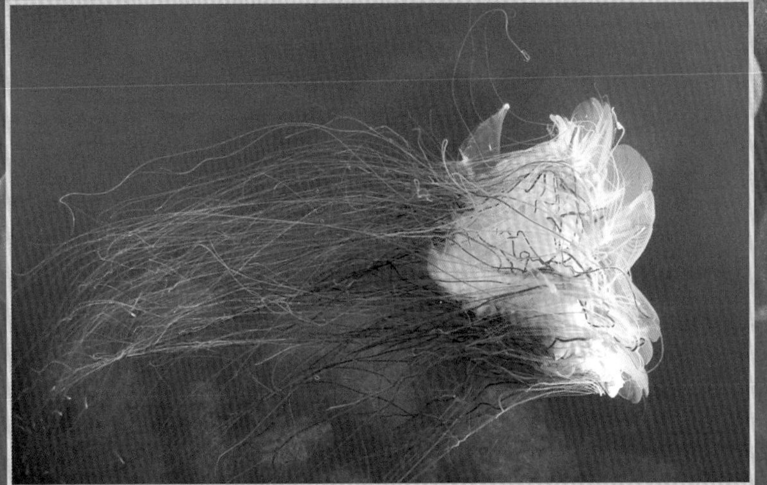

澳大利亚箱形水母

澳大利亚箱形水母（*Chironex fleckeri*）又俗称海黄蜂，是世界上最毒的动物之一，它那60只充满毒液的触角，足以使一个成年人在几分钟内死亡。它的伞体直径可长到30厘米，而触手可长达4米多。它主要分布在澳大利亚、新几内亚、菲律宾和越南的广大海域中。

狮鬃水母

狮鬃水母（*Cyanea capillata*）因嘴的周围有橙黄色的触手像鬃毛般飘逸而得名。它主要分布在波罗的海、北海等大洋的冷水区域，伞体直径可达2米，触手长度可达35米，体重可超过200千克，是世界上体型最大的水母之一。

野村水母

野村水母（*Nemopilema nomurai*）的伞体直径可达2米，部分个体甚至达到3米，体重可超过200千克，是世界上体型最大的水母之一，只有狮鬃水母可与之媲美。它主要在中国和日本之间的水域生活，主要集中在黄海及东海，对渔业危害很大。

蠕虫、软体动物和棘皮动物

 蠕虫都包括哪些动物?

蠕虫是指长条状的软体无脊椎动物。蠕虫并非严格的生物学分类，其中的一些彼此属于完全不同的物种，只是习惯上沿用此词。巨型蠕虫因为靠身体的肌肉收缩而作蠕形运动，故通称为蠕虫。常见蠕虫包括包括扁形动物、线形动物和环节动物。

扁形动物两侧对称，扁平而狭长；有口无肛门；身体前端有两个可感光的色素点（眼点）；多数雌雄同体，少数雌雄异体。扁形动物广泛分布在海水和淡水水域中，少数在陆地的潮湿土中生活（如涡虫），大部分种类

为寄生生活（如血吸虫、绦虫）。

线形动物大多身体细长，呈圆柱形；体内有充满液体的空腔；体表有角质层；有口有肛门。常见的线形动物有钩虫、寄生在人体的蛔虫和蛲虫。

环节动物身体分成许多形态相似的环形体节，有真体腔，比前两种动物更为进化。常见的环节动物有蚯蚓、水蛭、沙蚕等。

 为什么说蚯蚓能恢复土地的地力?

蚯蚓是一种环节动物，身长最大可以达到30厘米。它的身体分为许多段，每段边缘都可以找到一些刚毛，这有利于它在地下的土壤中钻行。

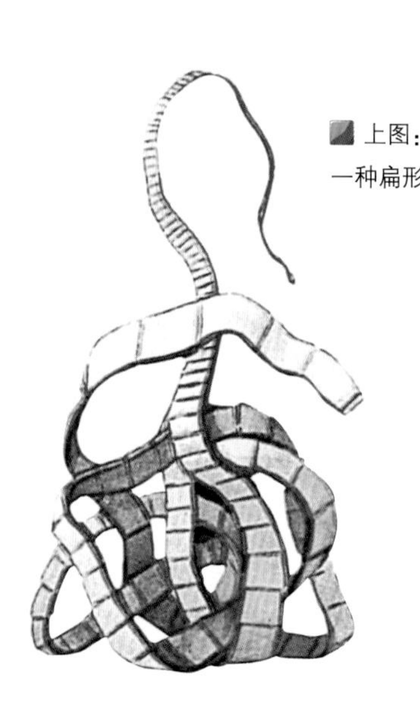

上图：线形动物；左图：绦虫，一种扁形动物；右图：蚯蚓。

一般来说蚯蚓体色红褐，通过体表呼吸，它们大多数时间生活在地下，在夜间或雨后也会在地面出现。蚯蚓具有很强的控制自身形态的能力，通过身体像手风琴般有力地伸缩，可在土壤的表层下快速挖掘和移动。在移动的同时，它也以土壤中的泥土颗粒、种子、未分解的植物组织、昆虫的卵和幼虫为食。蚯蚓活动有利于恢复土壤的地力。这主要是因为蚯蚓在土壤中活动时可以不间断地将它的消化液通过身体凸起结构下的肛门排出体外，有利于土壤营养化。同时，它的活动有效疏松了土壤，有利于土壤中氧气和其他气体的流通和交换。

水蛭利用吸盘吸附在一片水生植物的叶子上。

蚯蚓如何繁殖?

蚯蚓的繁殖方式和蜗牛类似，但蜗牛是软体动物而非蠕虫。事实上，蚯蚓是雌雄同体但异体受精繁殖的生物，也就是同一只蚯蚓体内既有雄性也有雌性的配子，但它不能自我受精，仍需要寻找另一只性成熟的蚯蚓进行交配，通过体液交换实现受精。至于说将一只蚯蚓斩为两部分，任何一部分都能重新发育为一条新的蚯蚓，则是一个流传广泛的“误会”。实际上，被斩断的蚯蚓有头的部分可能再生出尾巴，但只有尾部的部分则再生不了头。

为什么水蛭会受到西方古代医生们的青睐?

水蛭（蚂蟥）是一种环节动物，但它身体的节点并不能从外表看出来。它主要生活在温暖的淡水环境下，特别是沼泽中。水蛭体长最长可以达到15厘米。它有一张吸盘式的嘴并生有一些细碎的牙齿，这使它可以附着在更大的动物身上，咬破其表皮，吸食血液。

在西方古代很长的一段时间内，水蛭因其吸血功能而受到医生们的青睐。他们用它实施“放血疗法”，从特定的病人身体内吸出淤血或“败血”，从而达到治疗的效果。事实上，现代科学研究证明，这种疗法之所以能奏效，是因为水蛭在吸血时同时会向对方血液中释放抗凝血、麻醉和抗感染的物质。

成群聚集的贻贝。

为什么贻贝会有“小胡子”？

和许多其他的软体动物一样，在贻贝身体外套膜的边缘会形成一个袋状体，它之后逐渐硬化，最终形成外壳。坚硬的外壳可以保护贻贝免遭捕食者的攻击，而构成外壳的主要成分碳酸钙，则是贻贝从海水中提取的。

贻贝通过一些丝状的触手攀附在海底的岩石上，这些像小胡子一样的触手称为足丝，这也是贝类能在海底固定身体的诀窍所在。

贻贝的足丝可以被视为它纤细却非常坚韧的根，也可以被看作是它的头发。事实上，这些足丝也的确是贻贝分泌出的一种蛋白质在遇到海水后凝结而成的，它作为一种特殊的器官将贻贝身体与岩石紧紧黏合在了一起，特别是为它在进行繁殖活动时提供了有力的支撑。

为什么牡蛎体内会长出珍珠？

晶莹璀璨的珍珠是因那些混入珍珠牡蛎壳中的异物形成的。这些异物进入珍珠牡蛎壳内后，牡蛎会分泌出一些矿物质晶体将其包裹起来，形成一种球形的硬化囊体，这种晶体物质叫珍珠质，而形成的球形硬化物就是人们通常所说的珍珠。一般情况下，珍珠多是白色的，但也有黄色、黑色，甚至天蓝色或绿色的，这主要取决于形成珍珠的异物是什么。一颗沙粒或一片海藻，形成的珍珠的颜色是不同的。珍珠的寿命不长，一般来说几年后就会失去光泽，而一两百年后就会化为粉末。

一只在海床上的珍珠牡蛎。

为什么说鹦鹉螺是头足类中的异类？

鹦鹉螺是一种生活在大洋深处、十分罕见的软体动物，它的起源非常古老。它拥有和章鱼、墨鱼、鱿鱼等头足类动物相同的身体组织结构，但区别在于它有着一个轻巧而又光滑的外壳。鹦鹉螺已经在地球上经历了数亿年的演变，但外形、习性等变化很小，被称作海洋中的“活化石”。

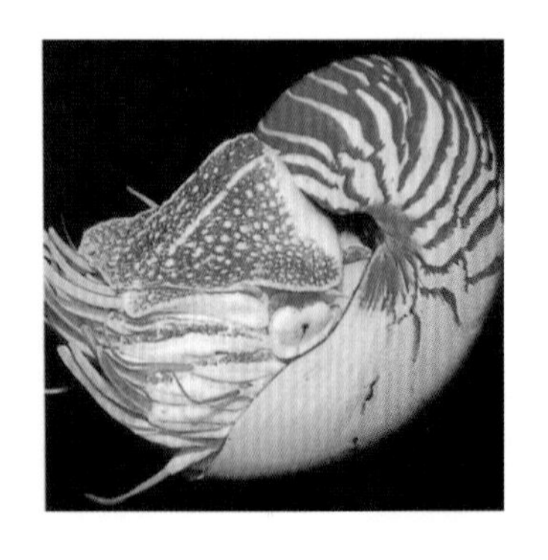

蜗牛。

蛞蝓。

为什么蜗牛和蛞蝓爬行时会留下痕迹?

陆生腹足纲动物包括有外壳的蜗牛和外壳退化的蛞蝓（鼻涕虫）。这些动物的身体通常覆盖一层黏液，有一只用于运动的肉质的足。它们的头部有四个触角，具有嗅觉、味觉和触觉功能。

蜗牛是世界上牙齿最多的动物。蜗牛的小触角中间往下一点儿的地方有一个小洞，这就是它的嘴巴，里面有一条锯齿状的舌头，称为“齿舌”。虽然嘴很小，但却有26000多颗牙齿。蜗牛走过的地方都会留下银色的液体痕迹，这是它身体上绵密的体液造成的。蜗牛分泌出这些体液以便身体在运动时起到润滑作用，它通过肉质的足来伸缩推动身体前进。

蜗牛可以完全缩进它的壳中。

分类学知识

什么是软体动物?

软体动物门是动物界中一个很大的门类，它的成员很多都是海生动物。这一门中的所有动物柔软的身体外部均覆盖有被称为外套膜的膜状物。其身体的一部分发育得十分强健有力，被称为“足”，主要用于爬行或游泳。很多软体动物外套膜的一部分会发育成钙质的外壳。软体动物已经进化出相对复杂的消化、循环和神经系统，但其形态却差异很大。那些身体上仅有一片贝壳的软体动物，被划为腹足纲；对称生有两片贝壳的，则被划为双壳纲。而头足纲的外壳则已经缩小并隐藏在身体内部，它的足已经分化为触角并大多带有吸盘。

为什么章鱼会让人觉得很聪明?

章鱼是一种头足类的海生软体动物，它有8条腕足，每条腕足上有两排吸盘。一般情况下，它的身体可以长到20多厘米，而腕足的长度约是身体长度的4倍。就像其他头足纲动物一样，会利用身体内空腔向后喷水而得以在水中快速移动。章鱼通常在夜间活动并以其他软体动物和贝壳类为食。它们除交配季节外基本上单独都生活，但可以利用身体颜色的变化与其他章鱼进行沟通。章鱼是一种喜欢玩耍和好奇的动物，它能够打开瓶盖或把倒扣的罐子翻过来。而且章鱼的记忆力不错，因此它可以在训练后完成一些简单的动作。

上图和下图：章鱼；中图：墨鱼。

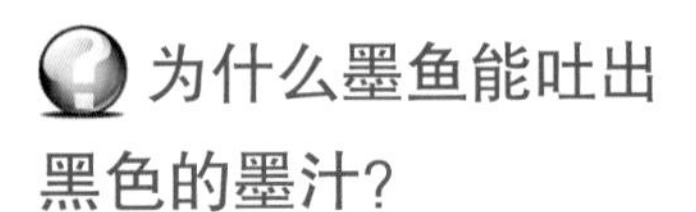

为什么墨鱼能吐出黑色的墨汁?

墨鱼、章鱼、鱿鱼之间的亲缘关系很近，因此看上去颇为相似。它们之间的主要区别在于：墨鱼有着扁平的身体和一圈环绕着的肉鳍，身体最长可达40多厘米。墨鱼比章鱼多2条腕足，这对腕足表面光滑，在末端长有吸盘，它们的作用不是帮助墨鱼游泳，而是捕猎。

在逃避追击时，墨鱼有一套特别的办法——它体内的一种腺体会分泌出一种乌黑的墨汁。墨鱼将它喷入水中，以遮蔽对手的视线。实际上章鱼也有类似的能力。

如何区分柔鱼和鱿鱼？

鱿鱼与柔鱼（如常见的太平洋褶柔鱼*Todarodes pacificus*）外表很相似，但仔细辨认，还是有区别的。鱿鱼的肉鳍位于身体两侧，大而长，覆盖了身体后部的绝大部分。而柔鱼的肉鳍很小，位于身体的末端，两鳍相接呈心脏形。另外，柔鱼个体小，体长一般在30厘米左右，鱿鱼体长则可达60厘米。

 为什么巨型鱿鱼的眼睛长得非常大？

一般的鱿鱼有一个锥形的狭长身体，身体后半部的边缘长着两片很大的肉鳍。它的体长一般在15厘米左右。和墨鱼一样，它的头部位于躯体下方，在口器周围有8条普通腕足和一对末端长有吸盘的腕足，用于捕食小型鱼类、其他软体动物以及贝壳等食物。

而巨型鱿鱼则是一种深海生物，很可能是世界上最大的软体动物，也是现存最大的无脊椎动物。据说它的体长可以达到8米，有着整个动物界最大的一对眼睛，每只均有一个足球那么大。这样的眼睛使它可以在漆黑的大洋深处，在距离很远的地方就发现猎物。巨型鱿鱼几乎是无敌的，它唯一的天敌就是巨大的抹香鲸。

上图：柔鱼；左图：长有一双大眼睛的巨型鱿鱼。

为什么海胆的性别很难区分？

海胆有着球形的外壳，是由许多石灰质骨板紧密结合构成的，硬壳外还覆盖着能摇动的硬刺，称为棘刺，为海胆提供保护并可帮助它在小范围内移动。在棘刺中间分布着许多管足，它们功能不同，有的用来摄取食物，有的用于移动身体，有的则把贝壳、海藻和木屑覆盖在身上以遮蔽阳光。

海胆的口器又被称作“亚里士多德提灯”，因为是亚里士多德在自己的著作《动物史》中首次对这种口器做出了准确的描述。口器位于身体腹面中央，内有牙齿用于咀嚼海藻。海胆就是以这些植物为食的。

上图：马粪海胆；左图：普通黑海胆。

很多人认为海胆的雌雄性可以通过颜色来判断，雌性海胆颜色更明显，呈暗红色。而雄性海胆则几乎完全是黑色的。其实这只是不同种类海胆的颜色差别，事实上雌雄海胆仅从外表是无法区分的。

分类学知识

什么是棘皮动物？

棘皮动物门包括数量众多的海生无脊椎动物，包括海星、蛇尾、海胆、海参和海百合等，因表皮一般具棘而得名。它们大多生活在浅海海底，行动普遍很迟缓。它们都有着石灰质的外壳，由它们的皮肤分泌生成，且有着一定的厚度。有些外壳如同海胆一样，是由许多小块拼接而成的，它们相互作用组成刚性的框架结构。有些则如同海星一样，分布在表皮和肉质之间，以便不对腕臂、肌肉和软组织的运动造成影响。所有棘皮动物的口器都是向下开启的，而肛门则向上开启。

大多数海星都是五腕的。

为什么海星是令人畏惧的猎手?

海星体内生有由石灰质构成的内骨架，在身体中心的腹面长有口器，且围绕着口器伸展出腕。腕的表面一般是光滑的，或者会有一些突起，而它的腹面则密布着无数管足，这是它的行动和感知器官。沿着腕分布着海星的消化系统、神经系统和生殖系统的支脉。

海星主要是以其他软体动物、贝类和无脊椎动物为食。它捕食的方式十分恐怖，会先用腕抓住猎物，然后将自己的胃翻出体外来吞噬猎物，也就是它的胃会分泌出大量的特殊消化液来腐蚀并杀死对方，再把已经半消化的猎物吸进胃里。

海参为什么会吐出"砂石项链"?

海参生活在各种类型的海底，在大的礁石旁很容易找到它们。由于它们长着狭长的柱形身体，所以又被称为海黄瓜。事实上，海参体长可以长到20厘米，身体的一端是它的口器而另一端则是肛门，通身分布有细小的触手。正是由于这些细小的管足，海参得以在海底缓慢地爬行或牢牢固定。很多种海参在受到惊扰时，都会从肛门喷出一种非常黏稠的白色分泌物，用来缠绕可能的骚扰者。

海参会把海底的砂石和泥土吞下肚，从中过滤海藻、微生物或其他有机物质。在消化完成后，它会把多余的砂石作为大便排出，这些粪便在海底形成一块块项链似的痕迹，也就是所谓的"砂石项链"。

上图：正在捕猎的海星；中图：海参；下图：两只不同种类的海星。

节肢动物

节肢动物门是动物界中最大的一门，它的成员大多拥有坚硬的外表、多对足、触角和颚。粗粗算来，有超过百万的不同种类节肢动物至今仍顽强生活在世界的各个角落，个体数目则完全是天文数字。从分类学上讲，属于本门的动物大部分都在昆虫纲名下，但也有部分节肢动物，如蜈蚣就属于多足纲，蜘蛛和蝎子属于蛛形纲，虾、蟹则隶属于甲壳纲。

多足纲和蛛形纲

大型蜈蚣的颜色多种多样，有黄色、褐色、绿色、橘色等。

为什么最好离大蜈蚣远一点?

中国常见的大型蜈蚣有少棘蜈蚣（*Scoropendra subspinipes mutilans*）、模棘蜈蚣（*Scolopendra subspinipes*，也叫中国红巨龙蜈蚣）等，长度约11～16厘米。而生活在南美洲的加拉帕格斯巨人蜈蚣（*Scolopendra galapagoensis*）体长甚至可以达到30～40厘米。

经在漫长的进化中，蜈蚣的第一对足已演化为一件十分可怕的武器，称为“颚牙”，呈钩状，十分锐利坚硬，钩内有管道，直接与毒腺相连。蜈蚣在捕食时，会先用足将猎物捉住，用腭牙刺入对方身体并注射可以攻击神经系统的毒素将对方杀死。蜈蚣的毒液甚至可以将小型哺乳动物置于死地。如果人被蜈蚣蜇伤，会造成强烈的疼痛，持续数小时甚至几天。大型蜈蚣被认为是世界上最危险的节肢动物之一。

为什么说我们的住所是尘螨理想的居住地

螨虫属蛛形科，体形微小，形状似蜘蛛有8只脚。螨虫常寄居在人或动物身上，吸血液，染疾病。一些种类的尘螨与人类变态反应关系密切。它们不喜欢光线，以皮屑、头皮及人和其他动物的各种皮肤残留物为食。一般情况下非常喜欢在人类住宅的床垫和枕头中居住，因为这里对它们来说不仅食物丰富，而且更有利于快速繁殖。如果不注意卫生，造成尘螨滋生，除了会引起瘙痒和刺痛外，它们的粪便和卵还会引起皮肤病和过敏反应。

显微镜下，一群生活在织物纤维中的尘螨。

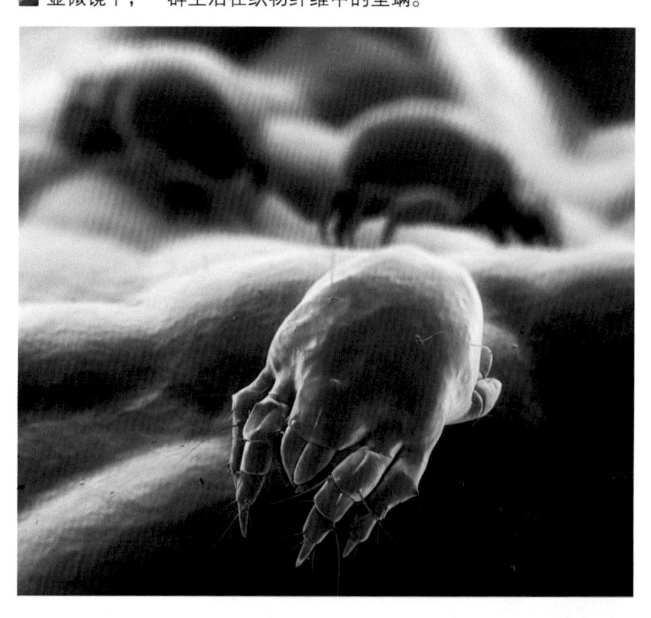

上图：一只还没有接触寄主皮肤的蜱；
中图：一只极其危险的红斑寇蛛。

为什么蜱会传染严重的疾病？

蜱虫以两栖动物、爬行动物、鸟类和哺乳动物的血液为食。它有一副尖利的口器，上边布满倒齿，可以刺破宿主的皮肤。与此同时，它会向宿主体内注射含有多种物质的唾液，不仅使宿主感觉不到疼痛，更可以软化被撕裂的组织。其后，它会把另一根针状管插入宿主体内吸取血液。在蜱虫体内有层极具弹性的膜，血液在其中积累会使蜱虫身体逐渐膨胀，就如同一个气球一般。这个吸血过程往往会持续几天，等它吸饱后会自动从宿主身上脱落。

蜱吸食那些携带有细菌或病毒的人或牲畜的血液后，很可能把这些细菌或病毒传染给下一个被咬的人，进而造成传染病的传播。比如蜱虫可传染病毒性脑炎，这种疾病最初表现只是伴有发烧、头疼，但最终会导致病人麻痹、昏迷，甚至死亡。

为什么最毒的蜘蛛被叫作“黑寡妇”？

这是一种非常容易识别的蜘蛛，在北美地区广泛分布。成熟的雌蜘蛛最大可达40毫米，颜色黑亮并在腹部有一个鲜红的沙漏形斑点。这种蜘蛛叫红斑寇蛛（*Latrodectus mactans*），但是因为它的特殊习性，会在交配后立刻将那些体型较小呈橘色的雄性配偶吃掉，所以才得到了“黑寡妇”这个别号。

被黑寡妇咬到并不会感觉很疼，但对人而言却是致命的，因为它会向人体注入一种强烈的神经毒素。人中毒后被叮咬的皮肤最初会出现红肿，其后随着毒素在血液中扩散并开始侵害神经系统，人会感到剧烈的恶心，进而痉挛和抽搐，接着发生吞咽困难，直至呼吸停止。

哪种马陆身体最长？

东非的一种非洲巨人马陆（*Archispirostreptus gigas*），身长达35厘米，身围直径达4厘米。虽然马陆也叫千足虫，但它不会真有一千只脚，准确说足数为256只。这种马陆生活在潮湿地区，以动植物残渣为食。

 为什么说蜘蛛网是一件工程学杰作?

蜘蛛腹部有1到4对特殊的器官，称为丝腺。这种腺体可以分泌一种黏性液体，遇到空气则凝结为带有些黏性、柔软、坚韧且颇具弹性的丝。

蜘蛛一般首先选择一个支撑点作为原点，从这里它拉出第一根丝并拖到第二个节点，固定好丝后会沿着已搭好的丝爬回原点；之后，它会利用自身的摆动及风向把丝拖至第三个节点并再次爬回原点。如此反复并不断变化拖丝的方向，直至织成一张大网。随后，蜘蛛还会在自己的网上往来爬行，不断修修补补。这得益于它脚上像梳子一样的结构，使它在丝线间行动自如。

蜘蛛网的丝具有黏性，飞行能力不强的猎物撞入网中就会被黏住。而蜘蛛自身的腹部覆盖着一层特殊的油脂，因此黏液对它不起作用。蜘蛛本身没有咀嚼性的口器，它捕食时通过毒牙向对方注射消化液，将对方杀死后再吸食已经液化的身体，只留下猎物的空壳。

上图：一张在草叶间招展的蜘蛛网；下图：巨人捕鸟蛛。

世界上最大的蜘蛛是什么蜘蛛?

原产自南美雨林的亚马孙巨人捕鸟蛛（*Theraphosa blondi*）是世界上已知的最大蜘蛛，它的体长可以达到30多厘米，体重超过150克。这种蜘蛛身体强壮，行动迅捷，全身覆盖着绒毛，接触时会使人有痛感。这种蜘蛛主要以大型昆虫为食，也捕食小型啮齿动物和鸟类。但幸运的是，人被它咬一下虽然会很疼，但并不致命。

分类学知识

为什么蜘蛛和蝎子属于近亲?

蜘蛛和蝎子同属蛛形纲。大约在距今4亿年前后，地球上出现最早的陆生动物，蜘蛛和蝎子的祖先就是其中的一员，它们的海生远祖曾出现过身长达到2米的巨型物种。今天的蜘蛛和蝎子的体型当然要小得多，但身体的机构却是相同的。它们的身体分成头胸部和腹部两部分，在头胸部有6对附肢，其中离嘴最近的一对被称为螯肢，主要用于捕猎，而其他几对则负责运动。相反的，它们的腹部并没有附肢。在繁殖方面，雌蝎并不把卵产出来，而是将它们留在自己体内，一直到卵已经孵化以后再产出体外。而小蝎子要到足够强壮后才会离开母蝎，开始独立生活。相反，雌蜘蛛是产卵的，它会将卵放置在一个卵袋中，在这里小蜘蛛破卵而出，并在数周后完全成形。

一只雌性蜘蛛，一般情况下，雌性蜘蛛会比雄性个体更大一些。

有一种流传甚广的谣传说，蝎子在万不得已的情况时，会很有气节地用自己的尾钩毒死自己。其实，这是绝对不可能的，因为蛛形纲动物对自身的毒液是免疫的。但蝎子在处于防御警戒状态时的姿态，是将尾钩向前下垂，紧贴自己背部，看上去就好像要刺穿自己一样。

下图及左图：两只受到威胁的蝎子。

为什么说蝎子会自杀只是个传说?

蝎子后腹部逐渐变薄并形成一条多节的尾巴，在尾巴的末梢长着一个锐利的尾钩，在体内与毒腺相连接。事实上，蝎子是一种活跃的夜间猎手，在捕猎时，它会首先用前段的钳形附肢制服对手，再用尾钩攻击对方并向其注射毒液，最终将对方杀死。

甲壳纲动物

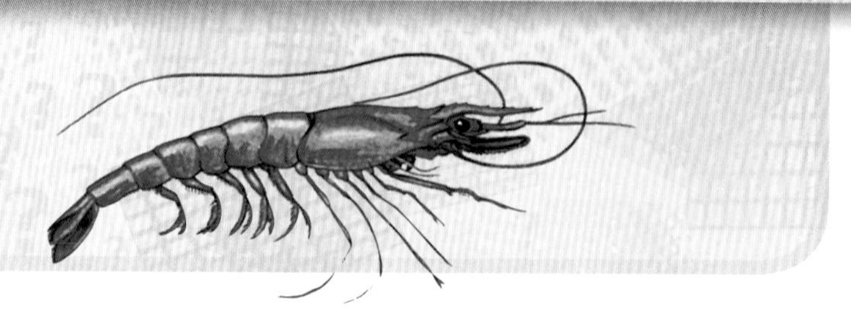

虾会倒着走吗?

在全世界的各个浅水水域，无论是咸水还是淡水，几乎都有虾类存在。它们体型各异，有的很小，小到要用显微镜才能看到，有的较大，可以有20厘米长。一般情况下，虾类通过位于胸部的附肢在水中游动，在海底攀爬或挖掘海床的积沙，从而捕获其他小动物作为食物。但在遭遇危险的情况下，虾类可以通过紧急收缩腹部肌肉，扇动扇形的尾巴，猛然推动身体向任何方向跳跃，当然这也包括向后倒跳。

为什么说日本的高脚蟹是世界上最大的海生节肢动物?

高脚蟹（*Macrocheira kaempferi*）也叫甘氏巨螯蟹，是一种长寿的动物，寿命可达100岁。尽管一般情况下它的身体部分不会超过40厘米，但如果算上它的足和爪，其总身长可以达到4米，体重可达20千克。高脚蟹身体为猩红色，并点缀着白色的斑点，生活在日本列岛附近一般深度在几百米的沙质海底。它通常以植物和动物碎片为食，但也会通过较快的移动来捕捉鱼类和软体动物。

下图：高脚蟹；中图：紫礁螯虾；上图：普通虾类。

为什么说椰子蟹是现存最大的陆生节肢动物？

椰子蟹（*Birgus latro*）是一种寄居蟹。其体型硕大，是现存最大型的陆生节肢动物，主要分布在印度洋和太平洋热带岛屿上。之所以被称为椰子蟹，主要是因为它非常善于爬树，可以爬到椰子树的顶端，强壮的双螯剥开坚硬的椰子壳，或使椰子从树上落下摔碎，以便吃到里边的椰肉。同时，它还有个“棕榈树贼”的外号，因为它非常喜欢搜集闪闪发光的东西，比如铝锅或银器，并把它们藏在自己的洞穴里。

最大的椰子蟹可以长到1米长，15千克重。它们一般不会游泳，呼吸系统十分特殊，一部分像鳃而另一部分像肺。

一只正在爬树的椰子蟹。

分类学知识

甲壳纲主要包括哪些动物？

这一纲的绝大部分动物都是水生生物，当然也存在像椰子蟹和潮虫这样已经完全适应陆生环境的动物。一般来说，这一纲的动物都是以植物或死去的动物为食，但也有以鱼类和小无脊椎动物为食的猎手。和其他节肢动物一样，甲壳纲动物的身体也分为头胸部和腹部两部分，它们没有外骨架，但有覆盖在外的一层外壳，被称为甲壳。随着动物的自身成长，其甲壳会经历几次褪壳过程。在其头胸部长着至少一对触角，这是它们的感知器官；一对钩形的前肢粗壮有力，被称为螯；几对附肢用于行走或游泳。它们的腹部由几段组成，最后一截会有一小段鳍用于游泳。雌性的甲壳类会保护自己产下的卵，直到幼体孵化出来为止。

一只螃蟹的螯可以产生比它体重大30倍的力量。

螃蟹与其他甲壳纲动物最大的区别是什么？

螃蟹与龙虾及其他虾类最大的不同在于，它的腹部非常小，折叠隐藏在胸腹部的底部，也没有尾鳍。因此螃蟹不善于游泳，更喜欢爬行或在水中随波逐流。

为什么说磷虾对于大洋中的生命具有重要作用？

磷虾泛指生活在大洋之中，特别是两极冷水海域的多种微型甲壳类动物。它们和其他微型动物组成了海洋浮游生物的主要成分，而海洋浮游生物则是蓝鲸、鲼、鲸鲨和一些海鸟的主要食物。可以说，这些数量巨大的微型生物是海洋中其他生命的猎物和食粮。

为什么寄居蟹总是在寻找贝壳？

寄居蟹生活在各大洋沿海潮间带、近海或海底，一般体长在1～5厘米。与其他甲壳类动物最大的不同在于，寄居蟹没有甲壳来保护自己柔软的腹部。出于这个原因，为了生存，它总是寄居在那些其他动物丢弃的贝壳里。随着自身不断长大，寄居蟹就需要更换更大的贝壳来居住。它是一种非常敏感的动物，只要感受到周围任何可能成为威胁的风吹草动，都会立刻缩回自己寄居的贝壳内，直到一切恢复正常，才会再次出来活动。

大寄居蟹总是喜欢找那些大而方便搬运的贝壳居住。

右图：鼓虾；
中图：欧洲龙虾。

鼓虾为什么会弄出很大的响声？

鼓虾体长一般为35～55毫米，栖息于泥沙质的浅海区。鼓虾有一个显著的特征，那就是它的第一对步足特别强大，钳状，左右不对称，一个螯钳会比另一个大很多，看上去就像拿着一把手枪一样，所以又叫“手枪虾”。鼓虾的这只虾钳可在极短的时间猛烈闭合，产生强烈的冲击波，强度足以击晕或杀死前方猎物，就像用手枪射击一样。同时，当虾钳快速闭合时，会产生水压急剧变化的高速水流，在瞬间形成水泡。而随着压力恢复正常，水泡会马上破裂，产生如小鼓般巨大的声响，很远都能听得见。

如何区分欧洲龙虾、龙虾、和小龙虾？

欧洲龙虾（*Homarus gammanus*）属于海螯虾科，主要生活在地中海和大西洋沿岸地区，身长一般为20～60厘米，甲壳十分光滑，触角没有梗节，在4对足的前面有一对巨大的螯。而我们通常说的龙虾是指龙虾科的几种虾类，体长20～40厘米。它们与欧洲龙虾的生活环境相似，原产地在中、南美洲和墨西哥东北部地区。欧洲龙虾和龙虾主要区别在于，龙虾没有巨大的螯，甲壳上有许多刺。而我们所说的小龙虾则属于螯虾科，名叫克氏原螯虾（*Procambarus clarkïi*），是生活在淡水中的虾类，原产于美国。

生命的秘密

什么是外骨骼？

外骨骼是节肢动物的一大特征，构成这些骨骼的物质被称为甲壳素，是一种类似于糖和纤维素的化学物质，柔韧而具有弹性。甲壳类动物的甲壳，比其他节肢动物的外骨骼在硬度上要大得多，这主要是因为它不仅由甲壳素构成，同时也含有从水中吸收的钙质矿物盐成分。

随着节肢动物身体的成长，它会褪去显得窄小的旧壳，再生出新的壳，这些新生的外骨骼最初是柔软的，而后逐渐变硬。这个蜕皮过程也是节肢动物最为脆弱的时候，因此它们在蜕皮前往往要隐藏起来，防止受到掠食者的攻击。同时，节肢动物还可以借蜕皮的机会将体内的垃圾排出，所以外骨骼也是一种“排泄器官”。

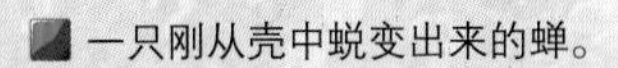
一只刚从壳中蜕变出来的蝉。

昆虫纲

长着一对大眼睛的苍蝇。

为什么苍蝇很难被打中?

苍蝇是一种在人类身边随处可见的昆虫，几乎与人类形影不离。和其他很多隶属于双翅目的昆虫一样，苍蝇有大大的突出的复眼。所谓复眼就是一种由几千个独立的小眼组成的复合眼睛。复眼的特点是，每个小眼各自独立，但都只能看到视觉范围内物体的一小部分，只有将所有图像合成在一起才能形成完整图像。这样的图像当然不是清晰的，但却保证了苍蝇随时可以洞察周边所有哪怕细微的变化。同时，苍蝇全身都覆盖着触觉毛，能感知任何细微的空气波动。有此两点，使苍蝇很难被打到。

除此以外，苍蝇还有3只原始的单眼，它们仅能感知到光线的强弱变化，这有利于苍蝇准确利用光线辨别方向。

为什么蚊子要吸血?

大多数种类的蚊子中的雄性都是靠吸食植物汁液为生的，只有雌蚊才会吸血。雌蚊有着一种特殊的口器，能够刺破其他动物的皮肤来吸血。雌蚊通过这种方法为自己提供足够的蛋白质，促进卵巢发育。雌蚊在吸血的同时也会向对方血管中注入抗凝血和血管扩张物质，这些物质会造成人的皮肤发红、发炎和瘙痒。而在有些地区，被蚊子叮咬的后果要严重得多，因为它们也是传播疟疾、登革热和西尼罗河病毒的罪魁祸首。

什么东西吸引了蚊子?

普通蚊子和被称为疟疾传播者的按蚊都喜欢在黄昏时开始活动，恰恰是动物身上的多种化学物质吸引着蚊子们，它们在几十米外就能感知到动物身上胆固醇、二氧化碳、尿酸、乳酸的气味。

分类学知识

什么是昆虫?

昆虫纲是整个动物界物种最丰富、数量最庞大的一个类群。已知的昆虫有100余万种，但仍有许多种类尚待发现。昆虫是节肢动物中最多的一类动物等。它的成员形态千奇百怪，体型大小不一，但却有一些共同的特征：外骨骼、头上的触角、口器、眼睛和其他感光器官，身体分为三部分，并在胸部有六条腿，内脏生长在腹部内，腹部有用于呼吸的气孔。根据口器和腿的不同，特别是生殖系统和翅膀的多寡，人们将昆虫纲划分为不同的目，如苍蝇和蚊子为双翅目，蝶和蛾为鳞翅目，甲虫和萤火虫为鞘翅目，蚂蚁、蜜蜂和黄蜂为膜翅目等。

深山锹甲。

为什么有些昆虫能在玻璃上或水上行走?

很多昆虫都有在玻璃上爬行的能力，这主要得益于它们爪部的特殊构造。在这些昆虫爪部的绒毛间有一些昆虫毛根分泌的油脂性物质，像黏液一样帮助它们在光滑的玻璃上站稳。

而另一些昆虫则能够在水面上行走，这主要受益于表面张力的作用。液体表面的分子受到的相互吸引力要大于液体内部的分子。因为液体内部的分子受到来自各个方向的其他分子的吸引力，而表面的分子仅受到来自其左右及下方的吸引力，液体表面分子间的凝聚力更大，这被称为表面张力。而昆虫能将自己的体重平均分配在液体表面，使压力远小于表面张力，因此可以在水面上行走如飞了。

为做到这一点，一些昆虫进化出特殊的结构，如水黾就进化出长长的爪子，末端还有绒毛，这样就加大了与水面的接触面积。它的爪子上同样覆盖着防水的油性物质。

水黾是一种能在水面上行走的昆虫。

黑脉金斑蝶是一种能远途飞行的蝴蝶，它的寿命也很长，能达到8个月。

为什么说黑脉金斑蝶是飞行健将？

每年夏末，黑脉金斑蝶（*Danaus plexipps*）都会离开它们在加拿大和美国北部的栖息地，不远万里飞行到达佛罗里达、加利福尼亚和墨西哥，在那里的树干间度过冬季。来年春季，在交配季节之后，它们又会沿原路踏上归途。通过缓慢而稳定地扇动一双展开后可达10厘米的翅膀，黑脉金斑蝶可以在距离地面5米的高度长途飞行，每天推进近50千米。

为什么萤火虫会发光？

萤火虫是多种甲虫的泛称，它们广泛分布在热带和亚热带及温带地区。有些种类的雌性萤火虫会一直保持幼虫时的特点，不长出翅膀，而雄虫则会长出完整的翅膀。在它们腹部最后一节的侧面有特殊的发光器官，通过荧光素和荧光素酶的化学反应而发出荧光。这种有间歇的光信号主要是雄性萤火虫的性召唤术，以此引起异性的注意。相比之下，雌性萤火虫也会发光，但亮度要弱得多。

萤火虫在春末完成交配，之后雄虫就会马上死去，而雌虫会再多活2天，以便在地下产百余枚卵。秋天，幼虫破卵而出，幼虫会再生长2年时间，在最终成形前将经历多次蜕皮。

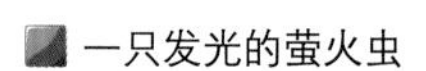

一只发光的萤火虫

如何区分蝴蝶和蛾子？

被划分为鳞翅目的昆虫可根据形态分为两类：蝶类，它们有着颜色鲜艳的翅膀和棒状的触角，主要在白天活动；蛾类的翅膀颜色暗淡，有羽状或线状的触角，主要在夜间活动。

生命的秘密

什么是昆虫的变态?

大部分由雌雄配子组成受精卵所孵化出的昆虫，在刚出生时样子都与成虫有很大不同，一般都黏糊糊的且没有足，看上去和小型的蜗牛相近，或者像蝴蝶的幼体毛毛虫那样，有许多的假足。一般来说，这些幼虫每隔一段时间就会脱皮一次，抛弃已经明显窄小的外皮并部分改变外形。这个过程就叫作昆虫的变态。正是在此过程中，昆虫的各个器官逐渐趋于成熟，面貌也逐渐变化，最终变为成虫的样子并具备其所有的特征。幼虫和成虫在形态构造和生活习性上完全不同的变态过程叫作完全变态。在这种情况下，昆虫的幼虫显得非常活跃和贪婪，在变成成虫时要在软性的蛹里度过一个时期。而与之相对的是不完全变态，这种情况下，成虫和幼虫的形态及习性比较相近，只要经过连续蜕皮就可以成为成虫。有一些种类的昆虫作为幼虫的时间很长，而一旦完成变态，在几天甚至几小时内就会死去，而这些时间只是繁殖所必需的时间而已。

一只蛱蝶从幼虫到成虫的变态过程。

为什么瓢虫的颜色那么夸张?

瓢虫为鞘翅目、瓢虫科圆形突起的甲虫的通称，是体色鲜艳的小型昆虫，常具红、黑或黄色斑点。

在动物世界里，鲜艳的红色、黄色和橙色一般都是有毒的标志，为动物们所躲避。而瓢虫只是以自身艳丽的颜色去吓退可能的掠食者，本身没有毒性。除此以外，瓢虫还会从爪部释放出一种有臭味的物质，蜥蜴、鸟类等潜在的捕食者会误认为它有毒而离开。事实上，很多无毒的昆虫都会和瓢虫一样穿起鲜艳的外衣，以吓退敌人。

为什么桑蚕又叫丝虫?

桑蚕（*Bombyx mori*）又称家蚕，属鳞翅目、蚕蛾科昆虫，在西方被称为“丝虫”（silkworm），是一种原产中国北方的蛾类，它的幼虫专门以桑树的叶子为食。蚕的幼虫不分昼夜地进食并经过四次蜕皮而快速长大。在蜕皮完成后，蚕开始通过一个特殊的腺体产生一种细丝并吐出体外，丝遇空气就会变硬，蚕用丝编成一个茧并栖身其中，直到变成蛾。

一只成熟的蚕可以吐出长度超过几百米长的蚕丝。

中图：瓢虫；右图：一只正在吃桑叶的蚕。

上图：蜂巢中的每个单元都是六边形的。

为什么蜜蜂会跳复杂的舞蹈并生产蜂蜜？

蜜蜂是一种会飞行的群居昆虫，属膜翅目、蜜蜂科。体长8～20毫米，黄褐色或黑褐色，生有密毛。蜜蜂的口器非常适合从花蜜中收集半液态的糖，并将其在咽部与唾液混合而酿成蜜。之后，它们将蜜储存在自己的蜜囊里运回蜂巢储存起来，给那些负责修筑蜂巢的伙伴及未成年的幼虫吃。

为了相互通报鲜花盛开的蜜源所在，蜜蜂们发展出一套特殊的语言，工蜂会在返回蜂巢后跳起一种复杂的舞蹈，或圆形，或八字形，有时左右摇动，有时交替位置，有时顺时针转圈而有时逆时针转圈，通过这种方式来表达蜜源的距离及相对于太阳的方位。

这种舞蹈是在黑暗的蜂巢中跳的，但它的伙伴们却能通过头上的触角和爪子感知空气的振动，准确无误地了解舞蹈中的含义。工蜂还会反刍部分收集物给同伴，以便使它们了解蜜源是什么花。正是通过这些信息，其他工蜂总能准确地找到蜜源。

为什么蚂蚁喜欢互相蹭头并总是排成一列行动？

蚂蚁是一种有社会性的生活习性的昆虫，属于膜翅目、蚁科，和胡蜂是近亲。蚂蚁在距今1.2亿年前的白垩纪就已出现，可能是从侏罗纪出现的原始胡蜂演变出来的。

当一只工蚁发现了一处食物后，它会返回蚁穴，并利用直肠的腺体分泌物在路上留下气味印记。如果在路上它遇到了来自同一个蚁穴的同伴，它们会将头伸过去，互相摩擦触角并让后者品尝一点食物，最终使后者紧跟着自己的气味行动，于是我们就总是看到蚂蚁们排成一列长队行动。

事实上，蚂蚁可以通过这种方法传递很多信息。例如，当发现了一处适合建造蚁穴的新地点时，蚂蚁也会留下气味标记。但同时，它会利用触角接触，去说服同伴们接受它的选择，甚至在无法说服时还会把同伴硬拖到新的地点。再比如，在领地遭到入侵时，蚂蚁会用另一个腺体分泌的物质，向空气释放特殊气味，向同伴们发出警报，而这种气味不仅表明了来袭的方向，更能激发其他兵蚁的攻击性。

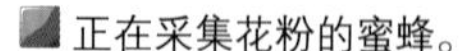

正在采集花粉的蜜蜂。

生命的秘密

昆虫是如何组织它们的团队的?

白蚁、蚂蚁和一些种类的蜜蜂、黄蜂都在等级森严的团体中过着群居生活。这些团队的一大特征就是成员分工明确，各司其职。在这个团队中只有很少的几个成员拥有繁殖的权利，而其他绝大部分成员都终生不育，并根据明确的分工，日复一日地从事专门的工作。

以一个蚁丘（蚁穴）为例，蚁后是唯一的繁殖者，兵蚁负责保卫领地安全，而数量庞大的工蚁则每天不知疲倦地工作着，或扩建修补蚁丘，或寻找食物，还要喂养幼虫。蚂蚁的幼虫在出生后的一段时间内由工蚁喂养，一旦长大就也要投入到工作之中。

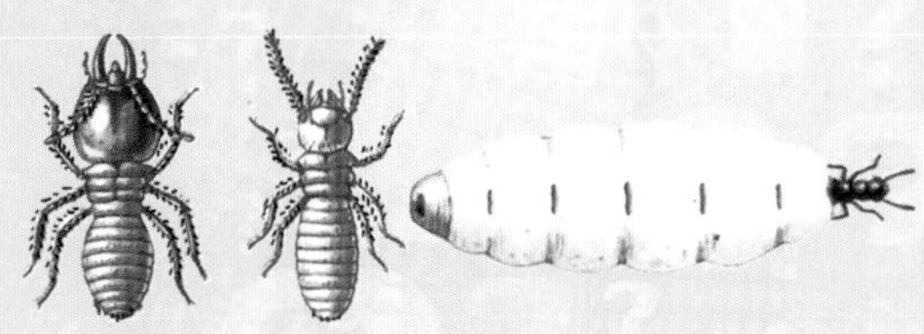

上图：白蚁和蚁丘；左图：兵蚁、工蚁和蚁后。

为什么家具蛀虫在冬季看上去一动不动?

雌性的家具蛀虫有着圆柱形的身体，颜色发暗。它们一般将卵产在木材的小孔或裂纹中，大约5周后，幼虫会破壳而出，迅速在原地为自己挖掘出新的孔道并栖身其中，直到完成全部变态。在此期间，它们以取食植物的木质部为生，并制造出混有其粪便的黄色木屑。

只有在完全长为成虫后，它们才会从木头中离开，并开始交配过程，留给木材的则是直径2毫米的裂缝，这是这种动物活动的标志性痕迹。在自然条件下，这种昆虫只在夏秋活动，而在冬季则在巢穴中保持不动。但在有取暖设备的人类家中，它们则全年活动，当然这也使它们的生命明显缩短了。

一种木材中的家具蛀虫。

蚂蚁的一生

蚂蚁是一种群居动物，它们的社会往往由数以百万计的成虫组成，在这个社会中有着极其严格的分工。一般来说，一只普通蚂蚁的一生都在侍奉一只雌性蚁后。蚁后是一个蚁穴中唯一可以繁殖的雌性蚂蚁，也是整个蚁穴的建立者。蚁后每年只有一次会产出很小一部分有翅膀的雄蚁和雌蚁，这些有翅膀的雌、雄蚁会从蚁穴中飞离去寻找交配的机会。事实上，它们中只有很小一部分能够真正完成交配并建立新的蚁穴。

切叶蚁

切叶蚁是一种广泛分布在北美和中美各地的蚁类，它们的活动对农作物危害很大。这是因为一群切叶蚁每天所消耗的树叶居然和一头成年母牛的日食量相同。

一种特殊的关系

蚂蚁是动物界中除了人类以外唯一会饲养其他动物的生命。它们会寻找蚜虫等一些以树的汁液为食的昆虫，带回蚁穴。在这里，蚂蚁给它们提供食物和保护，饲养它们，并从其粪便中提取一种糖类物质食用。

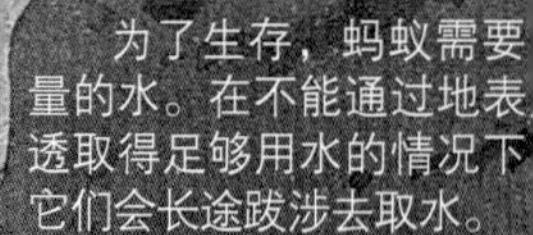

为了生存，蚂蚁需要
量的水。在不能通过地表
透取得足够用水的情况下
它们会长途跋涉去取水。

集团进攻

兵蚁拥有一副十分强劲的下颚作为武器，凭借这一利器它可以对别的昆虫和其他种类的蚂蚁发起进攻。更重要的是，蚂蚁不是单个作战的，而是以庞大的数量群起而攻。

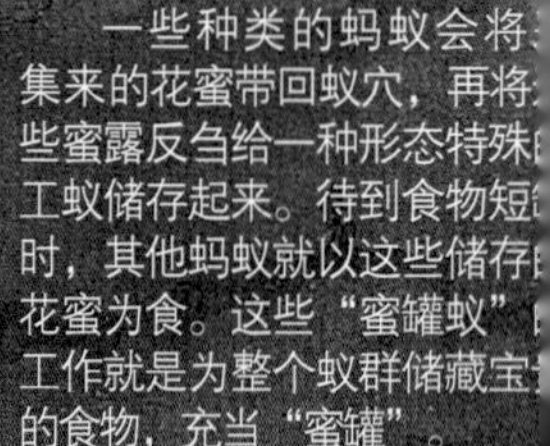

蜜罐蚁

一些种类的蚂蚁会将
集来的花蜜带回蚁穴，再将
些蜜露反刍给一种形态特殊
工蚁储存起来。待到食物短
时，其他蚂蚁就以这些储存
花蜜为食。这些“蜜罐蚁”
工作就是为整个蚁群储藏宝
的食物，充当“蜜罐”。

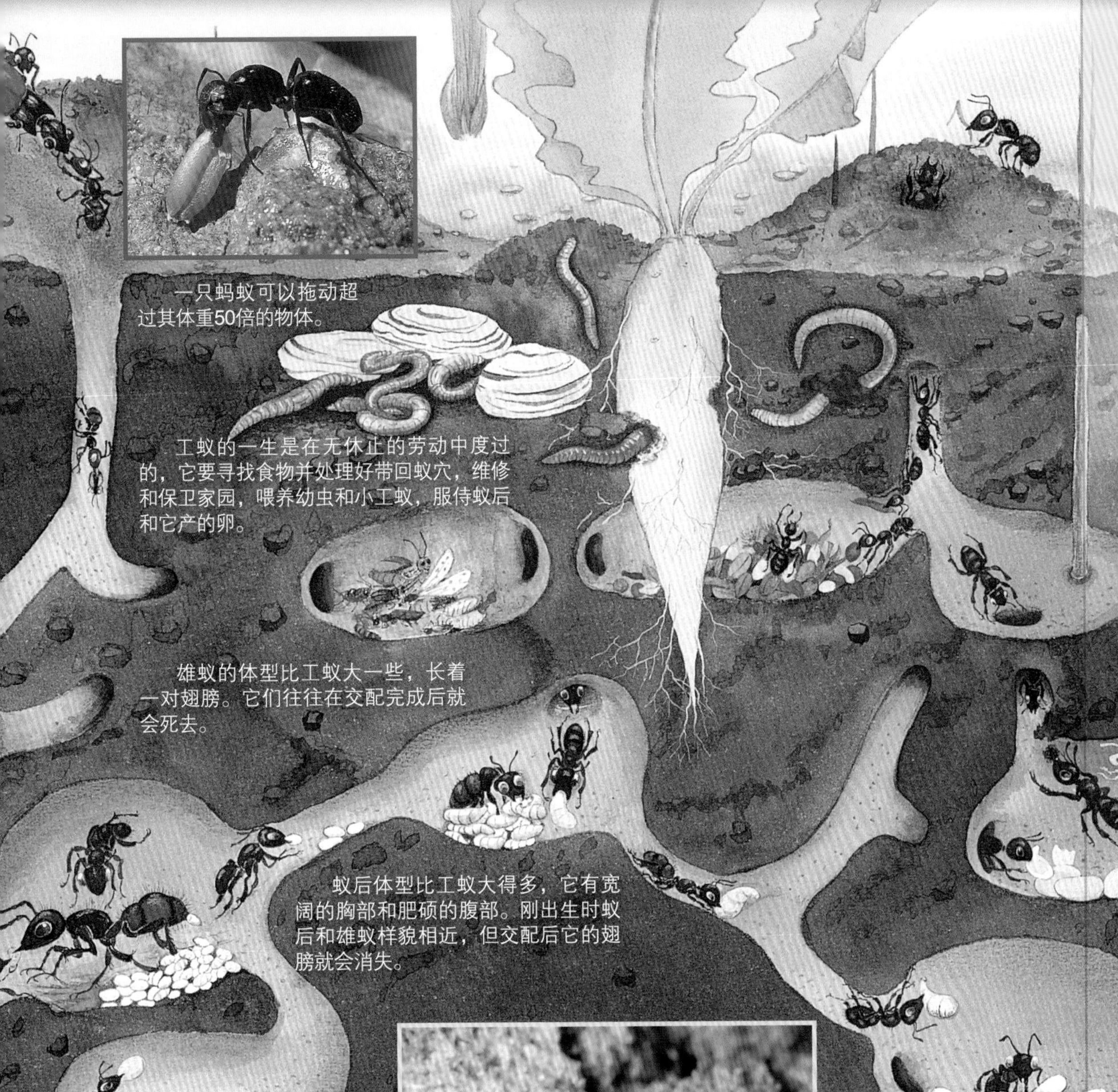

一只蚂蚁可以拖动超过其体重50倍的物体。

工蚁的一生是在无休止的劳动中度过的，它要寻找食物并处理好带回蚁穴，维修和保卫家园，喂养幼虫和小工蚁，服侍蚁后和它产的卵。

雄蚁的体型比工蚁大一些，长着一对翅膀。它们往往在交配完成后就会死去。

蚁后体型比工蚁大得多，它有宽阔的胸部和肥硕的腹部。刚出生时蚁后和雄蚁样貌相近，但交配后它的翅膀就会消失。

在交配后，蚁后会隐居在地下约1个月的时间。在这期间它产出第一批卵并孵化为幼虫。新生的幼虫完全依靠蚁后的分泌物喂养并成长为最初的工蚁。当首批自食其力的工蚁成长起来，蚁穴才有了未来。

鱼　类

鱼类包括种类极其繁多的各种冷血脊椎动物。无论是肉食还是草食，它们都被归入鱼类。一般来说，它们都有用于游动的鳍，还有用于从其生活水域的咸水或淡水中吸取氧气的鳃。为了分类方便，鱼可以分为两大类，一类是硬骨鱼类，它们的椎骨已经完全骨化。硬骨鱼种类繁多，超过上千种，无论是鳀鱼、鲑鱼、食人鱼、狗鱼或是五颜六色的热带鱼，都属于硬骨鱼类。另一类则是软骨鱼，它们的骨骼全部由相对柔软的组织构成，这类鱼的种类不多，仅有数百种，但其中也不乏像鲨鱼这样了不起的代表。

软骨鱼纲

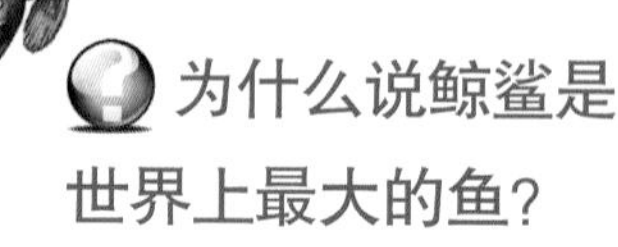

为什么说七鳃鳗是最原始的“鱼类”？

生活在海洋或溪流中的七鳃鳗长着一身软骨，它们的身体修长如蛇，皮肤黏滑无鳞，尾鳍环绕整个尾部。严格来说，七鳃鳗并不属于鱼类，而是一种圆口纲（也叫无颌纲）动物，是最古老而原始的脊椎动物类型。它们最显著的特点就是有一张没有颚，类似吸盘状的圆形的嘴。它们利用这张嘴吸附在其他海生动物身上，用口内众多锋利的牙齿咬碎对方的皮肤，吸食它们的血肉。而在休息时，它又能用这张嘴吸附在海底的岩石上。

为什么说鲸鲨是世界上最大的鱼?

一只成年鲸鲨（*Rhincodon typus*）的体长可以超过15米，重量达到30吨。值得庆幸的是，如此巨大的动物对人类来说是无害的。因为鲸鲨主要以小鱼、鱿鱼和小虾为食，它每小时都会吸入成百上千吨的海水，并在这一过程中用口内细碎的小牙滤取水中的小动物吃。

鲸鲨广泛存在于全球各个热带和温带海域，平均寿命可达80至100岁。拥有如此体型的鲸鲨几乎没有天敌，但人类的滥捕滥杀却使这种温和的动物面临灭绝的危险。

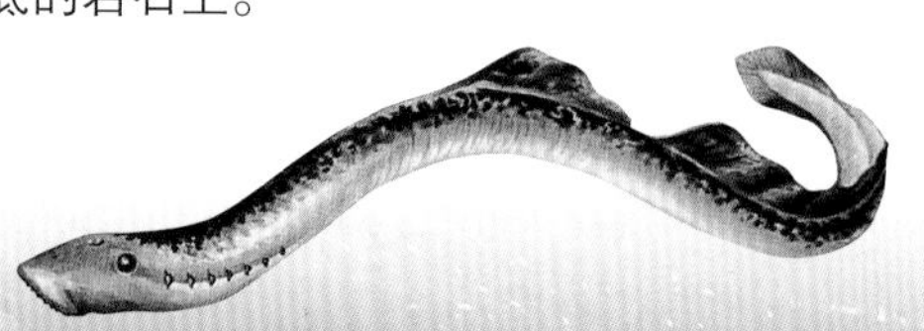

左图：七鳃鳗和它独特的吸盘口器；上图：正在吸食另一条鱼血肉的七鳃鳗；下图：鲸鲨。

鲨鱼有多少颗牙齿?

一条鲨鱼大约有300颗锋利的牙齿，呈6列分布在口中。当最靠外侧的牙齿因进食而磨损或脱落时，内侧的牙齿便会补上，而且新生的牙齿比原来的牙齿更大更耐用。如此一来，一条鲨鱼一生大约要更换近2万颗牙齿。

右图：鲨鱼长着可怕的利齿；下右图：一头鼬鲨。

为什么说鼬鲨是海洋清洁工?

鼬鲨（*Galeocerdo cuvier*）又称虎鲨，一般生活在热带和温带的海岸地区，它是一种攻击性很强的动物，会攻击、撕咬和吞噬遇到的一切东西，不仅包括各种动物，甚至还可以是空贝壳、易拉罐和各种船只及沙滩游客所丢弃的垃圾。它们的体型一般长约5米，食性极杂，无差别地捕食各种鱼类、海豚、小型鲸类、海鸟、海龟、大型的甲壳类和软体类动物、鳐鱼和其他鲨鱼。而当一条虎鲨与一条体格相近的咸水鳄相遇时，它们之间就会爆发一场你死我活的殊死搏斗，直到其中一方将另一方猎杀为止。

什么是软骨鱼类?

软骨鱼纲的成员，如鲨目、鳐目、银鲛目和电鳐目，都属于肉食动物，体型一般都比硬骨鱼类更大。它们的骨架由没有完全骨化的软骨构成，这些软骨同样富含钙盐，因此在柔软的同时并不缺乏坚韧。部分软骨鱼类的身体为一种如同小牙齿形状被称为“盾鳞”的鳞片，或是硬刺和棘状结构身覆盖。软骨鱼类的嘴长在身体腹面上，它的牙齿并不固定在颚骨上，而是附加在牙龈上，因此它们可以始终不断地掉牙和换牙。对于有些种类的软骨鱼，牙齿是它们制胜的利器，用以捕获、撕咬猎物并粉碎最坚硬的贝壳，而对于有些种类来说，它仅仅被用来滤取海水中的食物。

鳐鱼。

为什么大白鲨被称为完美的猎杀机器？

最大的大白鲨（*Carcharodon carcharias*）体长可以达到7米，体重超过3吨。这是一种喜欢在近岸水域活动的巨型海洋食肉动物，因此令人“谈虎色变”，几乎每年都会有游泳者、冲浪爱好者或皮划艇运动员遭到大白鲨袭击的消息。大白鲨是一种快速而不知疲倦的捕食者，它们一般自下而上地向猎物发动突击，用它巨大而有锯齿形边缘的大牙猛烈撕碎对手，左右拖带对手，直至把对方整个吞下。它的身体特征明显，容易识别，一般身体为灰色、淡蓝色或淡褐色，腹部呈淡白色，背腹体色界限分明，体侧线和劳伦氏壶腹（大白鲨口、鼻周围分布着密密麻麻的小毛孔）十分清晰。一双大眼睛长在头部两侧，视力极好且嗅觉灵敏，可以感知到1千米以外水中的血腥味。幼鲨一般以捕食小鱼、鱿鱼和鳐鱼为生。成年个体则捕食海豚、鲸类、海豹、海狗和海狮等动物。

鲨鱼可以向后倒着游泳吗？

和硬骨鱼类相反，鲨鱼是不能向后倒游的。这是由于它们的胸鳍不够柔软，因此无法做出这样的动作。

上图：双髻鲨；下图：一只极具威胁性的大白鲨。

为什么说双髻鲨对生物学家而言是个谜？

某些种类的鲨鱼因为长着一个向左右伸出、外形奇特的脑袋而被命名为双髻鲨，它们为什么会有这样的结构至今还没有完全搞清楚。有一种观点认为，这样可以使双髻鲨游动起来更加敏捷而快速。因为这种特殊的形态，可以有效增加双髻鲨身体下部和前部的面积，有利于减小阻力，所以它们游得更快。还有一种观点认为，将两只眼睛和鼻孔排布在头的两端，加大了它们之间的距离，可使其更加高效。同时，这样的构造也会增

加身体两侧贯穿头尾的体侧线长度，从而使之前提到过的劳伦氏壶腹感应器数量大增。

双髻鲨的行为方式也与其他鲨鱼大相径庭，它不是一种独居的动物，人们经常发现大群的双髻鲨结群活动。它们为什么要聚集在一起，是为了交配还是保护幼体，这直到今天仍然是个谜。

上图：鼠鲨

为什么鼠鲨又叫作“海中的小牛”？

鼠鲨（*Lamna nasus*）的肉色洁白，肉质细嫩，很多食用过的人都评价其像小牛肉般美味。鼠鲨一般体长可达4米，重量达到500千克。它的外形非常容易辨认，厚重的身体显得大腹便便，硕大的尾鳍呈半月形，圆锥状的鼻子尖尖的，上颚稍显突出。鼠鲨分布在大西洋、南印度洋、南太平洋和南极洲的海域，主要以鳀鱼、鲱鱼、沙丁鱼、马鲛鱼、金枪鱼、鱿鱼及一些头足纲动物为食。有时会在未受刺激的情形下会袭击人类，属濒危动物。

生命的秘密

什么是体侧线和劳伦氏壶腹?

无论是硬骨鱼还是软骨鱼都有一种明显的感觉器官，叫作体侧线。这是一种由无数小感应器官组成的点状线，排布在动物的身体两侧，主要用于感知运动速度和水压的变化，从而有效地定位水中的障碍物、移动的猎物和逼近的敌人。很多软骨鱼能感应到电磁场的细微变化，这主要得益于它们身上另一种复杂的感应器官——劳伦氏壶腹，这种器官得名于17世界末发现它的意大利解剖学家劳伦兹尼。在自然界中，每个生命体都会带有特定的电荷，而正因为有劳伦氏壶腹，鲨鱼和鳐鱼就可以在漆黑的条件下找到那些藏身在浑浊的水中或沙下的猎物了。

右上图：鱼身上清晰可见的体侧线。

为什么鳐鱼的卵很奇特？

鳐鱼的身体四方而扁平，鱼皮上布满皱褶并有大块的色斑，尾巴细长且往往长有锯齿。鳐鱼的卵很大，一般被成堆地产在海床上。有趣的是，这些卵的形状在自然界很少见，竟有一个截面近似于矩形的外壳。有些种类鳐鱼的带壳卵有近10厘米长，在它的四角有小小的孔洞，以便能使海水渗入其中供胚胎呼吸，其外壳上有细细的丝，可以将卵固定在礁石或海底的植物上。

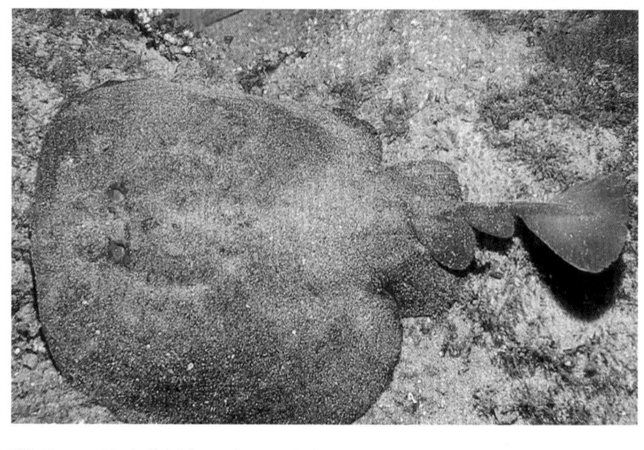

上图：海底的鳐鱼；中图：海电鳐。

生命如何运转

鱼在水中是如何呼吸的？

就像所有其他动物一样，鱼也是要靠呼吸氧气生存的。鱼类从水中吸取氧气的器官叫作鳃。水被鱼通过嘴巴吸入，最后从头两侧不断开合的鳃盖口排出。在排出前，水会流经鳃腔，并在那里与真正的鳃发生作用。鳃其实是一种小管和鳃丝构成的复杂系统，内部密布毛细血管。所有这些构成了一个和水广泛接触的空间，从中置换出空气并通过逆流的血液将空气带走。硬骨鱼不仅可以在水中游动呼吸，而且也可以停在水中静止不动地呼吸。而软骨鱼则必须一直保持运动，使水不停地灌入始终张开的嘴巴才能进行呼吸。

电鳐为什么会放电？

电鳐目包括60多个不同的种类，全部都具有放电的功能。这种电力来自电鳐头胸部腹面两侧的两个特殊器官，主要用来自卫或攻击猎物。这两个器官由特化的肌肉构成，排列成六角柱体，叫作“电板”柱。电板之间充满胶质物，起到绝缘的作用。每个“电板”的表面分布有神经末梢，一面为负电极，另一面则为正电极。电流从正极流到负极，也就是从电鳐的背面流到腹面。在神经脉冲的作用下，这两个放电器就能把神经能量变成电能并释放出电来，就像是一套蓄电池一样。电鳐放出的电流很强，足以将人电晕。

为什么双吻前口蝠鲼又被叫作海鬼？

双吻前口蝠鲼（*Manta birostris*），从上往下看就像是一块黑色的地毯或暗色的海浪，但从它肚子的那面看过去则像是一个白色的幽灵，因此，它又被人们称为鬼蝠或海鬼鱼。

如何发挥作用

软骨鱼是如何繁殖的?

软骨鱼的受精过程一般是在体内完成的，雄鱼有两个由尾鳍特化而成的交配器，交配器中有管道负责将精子输送给雌鱼。很多种类的软骨鱼都是胎生动物，母体要等幼体完全成形后才把它们生出来。而那些卵生的软骨鱼，它们的卵一般有外壳和丝线组织，以便将卵固定在海底的礁石或植物上。即使是卵生的情况，幼鱼自卵中孵化出来时，在形态上也基本与成年个体相同了。

鬼蝠有两个如同翅膀般的宽大的胸鳍，细细的尾巴就像一条鞭子，头部两边各有一个令人联想到犄角的凸起，而实际上那只是两个变形的鳍，可以将水中的小动物导向口腔，方便它捕食。其体长一般在5米左右，体重约1500千克。它们主要生活在热带海域深度不超过120米的近岸区域。

大西洋银鲛的学名是怎么来的?

大西洋银鲛（*Chimaera monstrosa*）广泛分布于大西洋，其体长可达1.5米，重约2.5千克，体表棕色，布有白色条纹，身体纤细无鳞，尾鳍很长。它身上有一双带尖的胸鳍和一对背鳍，其中第一个背鳍较大并带有毒刺，能够自由竖起，捕食者被它刺中时会感到剧烈的疼痛。大西洋银鲛主要生活在海岸的泥质海底，它行动缓慢，以捕食软体动物和小鱼为生。其头大而圆，眼睛硕大呈绿色，非常适应它生活的黑暗环境。由于这种鱼的样子丑陋，所以人们用希腊神话里海怪的名字“Monstro”来为其命名。其学名的意思就是“海怪银鲛”。

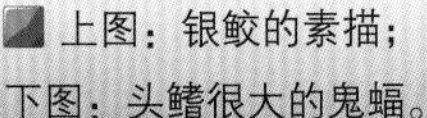

上图：银鲛的素描；
下图：头鳍很大的鬼蝠。

硬骨鱼纲

 为什么鳀鱼总是很大一群生活在一起？

一群鳀鱼（也叫凤尾鱼）一般由上万个个体组成，往往被称为一个“鱼团”，因为它们的群体往往会组成球形的一团。鳀鱼总是成群行动，主要是由于这是一种对付其他动物攻击的防御战术。因为，在一个数目极其众多的群体中，每个个体遭到掠食者攻击的可能性会大大降低，攻击者往往会因为鱼群内众多眼花缭乱的运动体而丧失方向，无法有效地定位某个具体的猎物。

作为世界上各个水域中数量最为繁盛的一种鱼类，鳀鱼体型细长，体长约25厘米，体背淡绿，腹部银白，体侧有一条褐色的线。鳀鱼以浮游生物为食，鱼群总是跟随着浮游生物的足迹活动。夜间鱼群在海面表层活动，因为此时此处的幼虫和甲壳类动物丰富，而白天鱼群则转战海底。

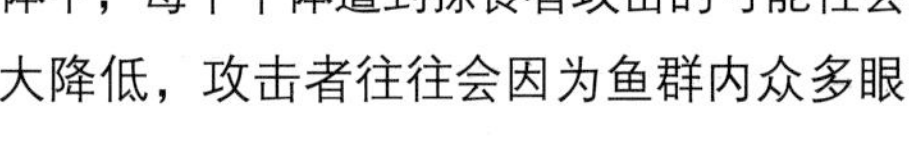
一群欧洲鳀鱼群在遭到攻击时不断改变形状。

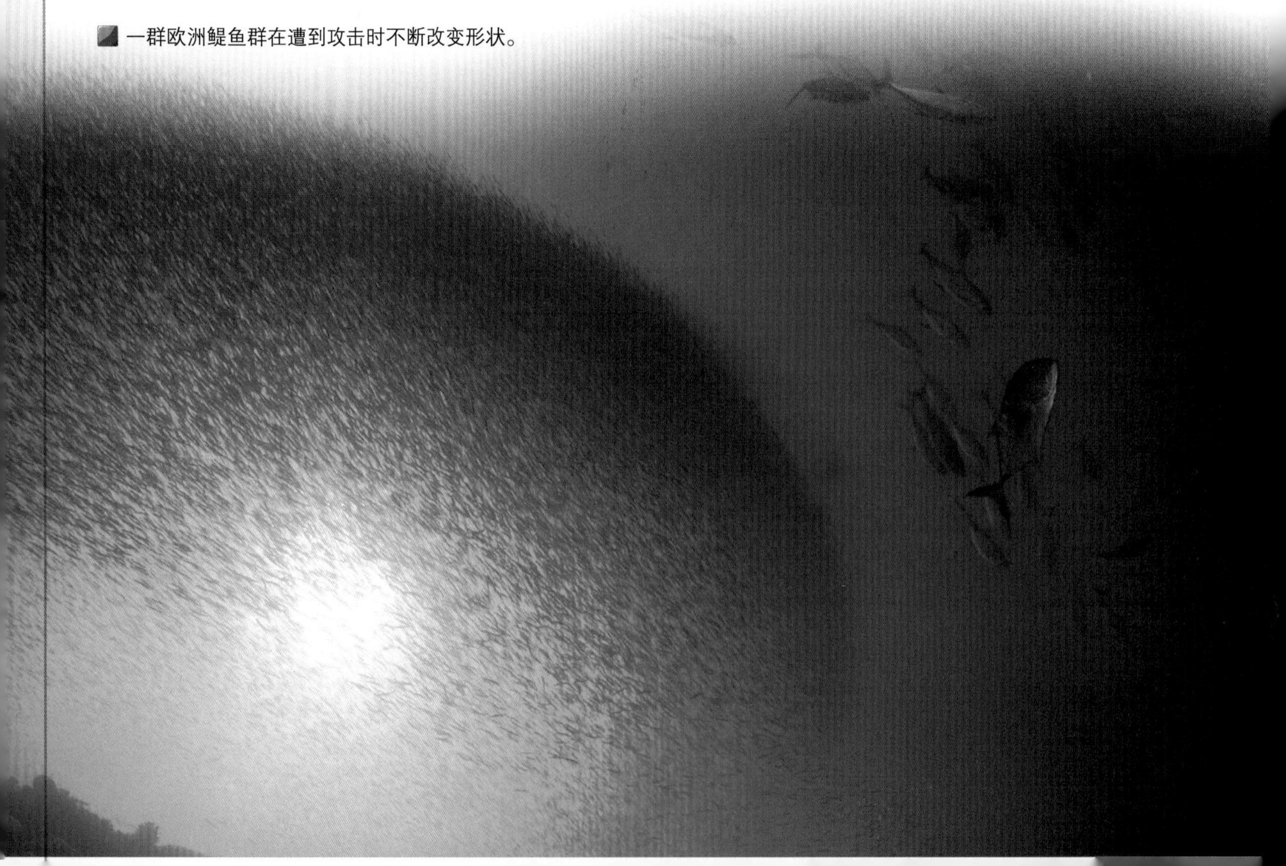

分类学知识

什么是硬骨鱼？

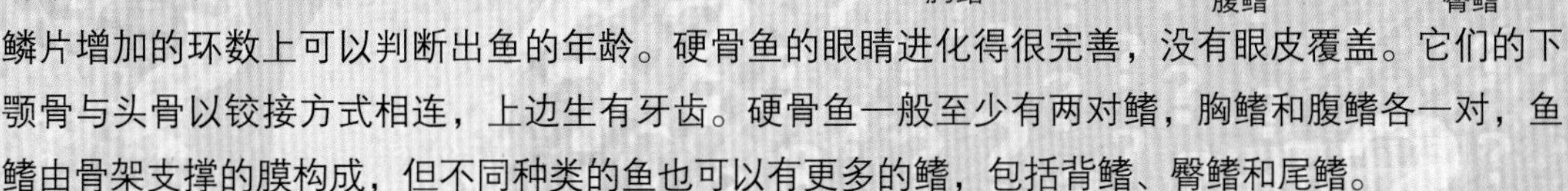

属于硬骨鱼纲的各种鱼类在外形上千差万别，最大的共性是身体的骨架大部分由已经硬骨化的骨头组成，也就是从脊椎长出鱼刺骨。它们全身都覆盖着起保护作用的鳞片，并且随着身体的增长而一圈一圈地不断增加面积，因此从鳞片增加的环数上可以判断出鱼的年龄。硬骨鱼的眼睛进化得很完善，没有眼皮覆盖。它们的下颚骨与头骨以铰接方式相连，上边生有牙齿。硬骨鱼一般至少有两对鳍，胸鳍和腹鳍各一对，鱼鳍由骨架支撑的膜构成，但不同种类的鱼也可以有更多的鳍，包括背鳍、臀鳍和尾鳍。

中图：一群领航鱼伴随着鲨鱼活动；
右图：身体扁扁的鲽鱼。

为什么鲽鱼这么扁？

鲽鱼生活在印度洋、太平洋、大西洋的温带、亚热带的近海沙质和泥质海床区域，身体极为扁平，体色根据不同生活环境而变化并以此来隐蔽自己。它最明显的特征是双眼位于身体同一侧。孵化后的小鱼的外形和一般鱼类相同，眼睛位于头部两侧，先行漂浮，然后才下沉至海底活动。鲽鱼属肉食性，主要以鱼类为食。它们总是静静地潜伏在沙质海底等待软体动物和小鱼靠近，再以闪电偷袭的方式发起攻击。

为了适应这种生存方式，在漫长的进化过程中，鲽鱼的身体变得扁平，眼睛也移到了身体的同侧，可以向上看了。

舟鰤鱼为什么又叫领航鱼？

舟鰤鱼（*Naucrates ductor*）之所以又被称为领航鱼，是因为人们发现这种鱼总是围绕在鲨鱼的身边和头部游动，就好像在给鲨鱼引路一般。但实际上，它们围绕这些大型海洋掠食者活动，主要是为了以它们食物的碎屑充饥，并非真的要给鲨鱼引路。领航鱼一般有30～70厘米长，体色银白并反射出蓝色光泽，身体上有黑色的带状条纹。它们行动极为敏捷，游速很快，因此不必担心它们会成为鲨鱼的食物。

鲑鱼为什么要逆流而上?

鲑鱼也叫三文鱼或大马哈鱼，通常是指鲑科中的几种洄游鱼，它们大部分时间生活在深海。按生活的海域不同，可将它们分为大西洋鲑鱼（只有一种）和太平洋鲑鱼（有几种）。大西洋鲑鱼可多次产卵，太平洋鲑鱼只产一次卵，产卵后不久就死去。

鲑鱼是在淡水中出生，一般先在淡水中生活两年再游到海中。成年鲑鱼的体长可以达到150厘米，体重约10千克。它们在大海中生活几年后，会在一种不可抗拒的本能驱使下返回出生地繁育后代。这是一个艰辛的旅程，它们要全力与水流抗争，要一次一次地跃出水面达数米之高以便跨上瀑布。事实上，只有不到半数的鲑鱼能够走完全程，大部分在产卵前就力竭而死。

两条鲑鱼高高跃起，跳过溪流。

中国特有鱼种中华鲟。

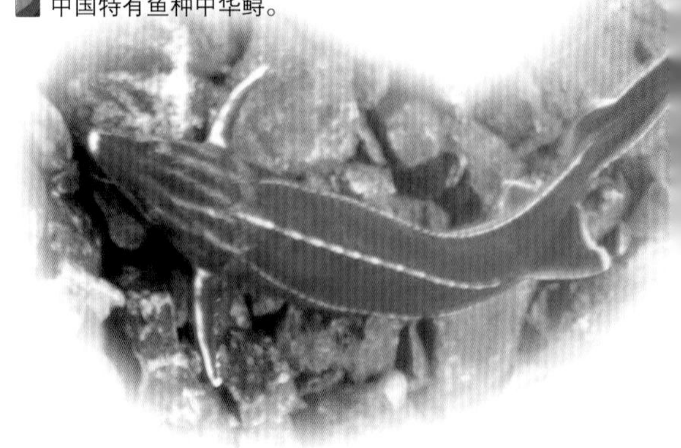

为什么说鲟鱼是非常珍贵的鱼类?

鲟鱼是指硬骨鱼纲鲟形目的鱼类，共2科、29种，是世界上最大的淡水鱼，最长7～8米，平均体重200～400千克。鲟鱼也是现有鱼类中寿命长、最古老的鱼类，是介于软骨鱼和硬骨鱼的过渡类型，迄今已有2亿多年的历史。鲟鱼密集分布的地区有两处，一处是东欧地区的里海和黑海，一处是亚洲东部和北美洲西部地区。鲟鱼生活在海洋和大的河流、湖泊中，生活在海中的春季向大江河中洄游产卵。由于鲟鱼肉质鲜美，鱼卵是制作昂贵鱼子酱的原料，因此被过度捕捞，处于濒危状态。

中国共有鲟鱼8种，中华鲟（*Acipenser sinensis*）为中国特有鱼种，属一级重点保护动物。

为什么说弹涂鱼是一种非常独特的动物?

鱼类总体来说都是生活在水中的动物，但也存在特例。比如弹涂鱼，又名花跳或跳跳鱼，它们因为能够利用皮肤及嘴巴和咽喉的黏膜呼吸，因此具有一定的在陆地上生存和活动的能力。

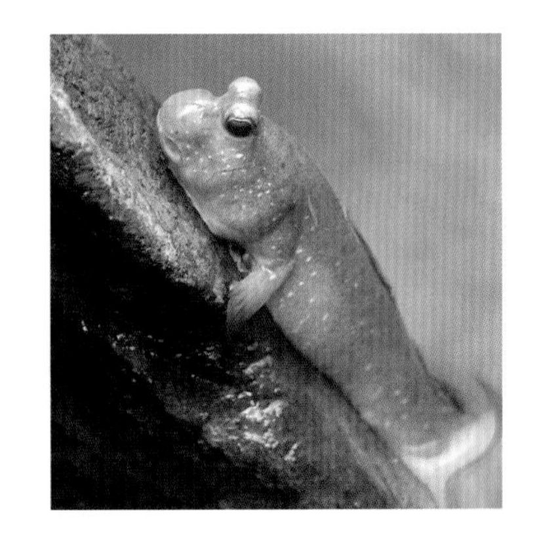

生命如何运转

硬骨鱼是如何繁殖的?

一般来说，硬骨鱼是有性繁殖的动物，它们在体外完成受精并且卵生。雌性的硬骨鱼会一次产出数千，甚至上百万粒鱼卵，而其中只有很少一部分能孵化出小鱼，小鱼在外形上和成年鱼没有多大差别。总体上说，硬骨鱼父母对自己的幼鱼是完全不闻不问的，因此只有很小比例的幼鱼能存活下来。但近年研究发现，也有个别种类的硬骨鱼会出现一些独特现象，一些成年鱼会亲切地照顾自己的幼鱼，直到它们强壮到能够独立生活为止。有些种类的硬骨鱼，它们的卵很小，其中包含油性物质，使其可以悬浮在水中。而另一些卵，主要是淡水鱼类的卵，则较大并有起保护作用的卵鞘。卵孵化和幼鱼成熟的时间周期相差很大，较小的卵孵化得很快，但幼鱼成熟所需时间很长。相反的，较大的卵孵化时间虽长，但幼鱼很快就能成熟。

一条雄性刺鱼会用水草和碎屑精心建起巢，然后吸引雌鱼在巢中产卵。而后，雄鱼会在大约15天里仔细守护着巢，直到小鱼在巢中诞生并能够独立生活为止。

为什么说海马是一种非常独特的动物?

海马属辐鳍鱼纲，是一种小型海洋动物，身长5～30厘米。海马外貌奇特，头呈圆锥形，与身体呈90度。虽然它们长得不像鱼，但从各方面讲，毫无疑问地仍属于鱼类。海马广泛分布在全球温带和热带海域的各个海岸地区，特别是海藻茂盛的地方。它用善于抓握的尾部将自己固定在海藻或珊瑚的枝杈上，以浮游生物为生。海马是非常善于伪装的动物，能根据周边环境改变身体的颜色，从而逃过掠食者的攻击。海马另一个独特之处在于，它们往往由雄性孵化鱼卵。每当交配季节来临，雄海马会在腹部发育出一个带囊。之后，它会以独特的舞蹈吸引雌性并促使它们将卵产在它的囊里。之后它会使卵子受精并携带它们4～6周，直到小海马破壳而出。

小海马。

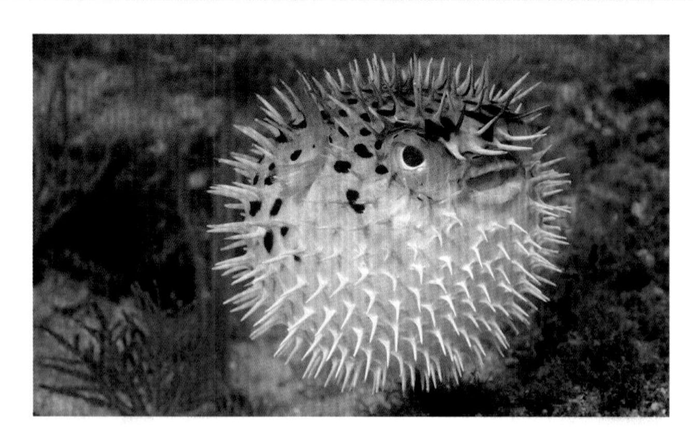

为什么河豚会鼓得像个球?

河豚属鲀形目四齿鲀科，该科大多为海洋鱼类，只有少数生活在淡水中，或在一定季节进入江河。由于其上下颌与颚骨完全愈合，而中间又有细缝将之分成左右两片，成为四齿状，所以称为“四齿鲀”。四齿鲀没有腹鳍，只靠胸鳍和短小的背鳍和臀鳍游泳，所以游动速度不快。它的体表因鳞片多埋在皮下，因此看来光滑无鳞，偶有短棘刺露出体表。它们平时的体形是圆滚滚的，当受到威胁时，能够快速将水或空气吸入极具弹性的胃中，在短时间内膨胀数倍，吓退掠食者，所以被称为“气球鱼”。

四齿鲀科鱼类的食性相当广泛，有些种啃食海藻或海草，有些种则以生活在礁区、行动缓慢、带有硬壳的无脊椎动物为食。四齿鲀科中的河豚含有河豚毒素，有剧毒，仅极少量即可使人致死。

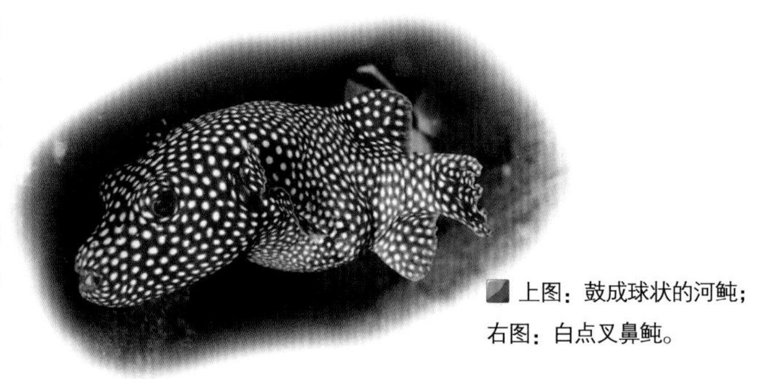

上图：鼓成球状的河鲀；右图：白点叉鼻鲀。

生命的秘密

什么是鱼鳔?

对于软骨鱼来说，为了不沉到海底就必须不停地游动。而对于硬骨鱼类则不存在这个尴尬的困境，因为它们有一个独特的器官，叫作鱼鳔。鱼鳔是一种能够伸缩的囊状物，一般位于腹腔靠近背部的地方，它表面密布毛细血管，里边充有由氧气、氮气和二氧化碳组成的混合气体，看上去就像一个小小的气球一样。当鱼需要上浮到水面时，就向鱼鳔内充入更多的气体，使其如同一个体内的救生圈一样，托起鱼身上浮。相反，当鱼决定下潜时，则排出其中的气体，鱼就随着浮力减小而潜入深水处。

红色长条形的部分为鱼鳔。

哪种鱼产卵最多？

在冬日里，大群的鳕鱼会聚集在一起产卵，每只雌性鳕鱼都会向海中排出近1000万枚鱼卵。这些鱼卵内部都有油性成分，可以漂浮在水中，随波逐流地漂浮10周左右，随后就会有小鳕鱼破卵而出了。

中图：一群食人鱼在寻找食物；
下图：一群海葵中游动的小丑鱼。

为什么食人鱼如此臭名昭著？

被人们俗称为食人鱼的几种鱼类大都生活在南美洲凉爽的淡水水域中，一般会以百只为规模结群活动，其中以胭脂水虎鱼（*Pygocentrus Piraya*）最具攻击性。这种鱼的体长一般不超过30厘米，体型呈卵圆形侧扁状。它们有一副三角形的硕大牙齿，非常锋利而危险。它们一生的大部分时间都在觅食中度过，一旦发现猎物，无论是大型鱼类，还是哺乳动物，鱼群都会从各个方向疯狂地发起攻击，在极短的时间内将猎物撕得粉碎。

为什么小丑鱼总是在海葵间游动？

在印度洋和太平洋热带海域的珊瑚礁丛中，生活着各种小丑鱼。它们都有着华丽的外形，橘色的身体上有三条镶黑色细边的白条纹，这使它们能有效地混杂于珊瑚礁丛中，不被掠食者发现。除此以外，它还有另一种特殊的自卫本领，它体表的鳞片上有一层黏液，使它可以在海葵的触手中穿行而不受伤害，而海葵的触手对于其他任何靠近的动物而言都是有毒的。作为回报，小丑鱼主要负责消灭那些可能给海葵造成伤害的寄生虫。一般情况下，小丑鱼的体长不超过10厘米，主要以浮游生物为食。

金鱼。

金鱼为什么有时会变色？

金鱼一生的体色会发生三次改变。第一阶段为鱼苗时期的变色，第二阶段为幼鱼时期的脱色，第三阶段为老龄时期的退色。这种自然变色的过程一般会耗时较长，但如果出现金鱼在短短几小时内迅速变色的情况，则是它们健康状态恶化的明显标志。

水质的恶化，也就是水的温度、含氧量、酸碱度不再适合生存时，金鱼的鳞片就会发生整体变色。

感染疾病时，金鱼身体上的不透明部分就会褪色或出现黑色、灰色及褐色的斑点。

其他生存条件的恶化，比如水温的变化，鱼的密度太大，生活环境过分喧闹也会造成金鱼体色渐进性的变化，或是失去光泽，或是鳞片变色。

为什么狗鱼被称为淡水中的霸王？

狗鱼属鲑形目，狗鱼科。它们长着一张长而尖的嘴，形状很像鸭子的嘴，因此也叫鸭鱼。狗鱼的嘴巴很大，长满了锋利的牙齿。其视力极佳，身体狭长呈流线型，在水中行动非常敏捷。这些条件使狗鱼成为淡水水域中最成功的猎手，号称淡水霸王。它们一般采取伏击方式捕猎。首先藏身在河流底部的岩石和植物中，一动不动，等那些粗心大意的小鱼、青蛙和水鸟从附近经过时，会突然发起闪电攻击。

狗鱼生活在北半球几乎所有的河流和湖泊中，而栖息于北美大湖区的北美狗鱼（*Esox masquinongy*）则是其中体型最大的，体长可达到1.5米，体重超过35千克。

一条庞大的北美狗鱼。

为什么欧洲六须鲶被称为河中怪兽?

在欧洲，围绕着这种淡水鱼类有着许多令人毛骨悚然的传说，故事中的它被认为是会肆意攻击其他动物和人类的怪兽，能一口吞噬婴儿。事实上，它们的体型也的确令人震撼，最长可以达到2.5米，体重超过100千克。

欧洲六须鲶（*Silurus glanis*）的原产地是东欧，它们与常见的鲶鱼是关系密切的近亲。在最近几十年间，由于人类的养殖等渔业活动，它的活动范围已逐渐扩散到所有的欧洲国家。

研究表明，欧洲六须鲶是淡水系统中最强大的掠食者之一，它毫无差别地吞食各种鱼类、两栖动物、爬行动物、鸟类和啮齿动物，对它们新定居水域的自然平衡构成了严重的威胁。

好奇心

淡水鱼和咸水鱼的区别是什么?

当我们用一块薄膜将盐度不同的两种液体分隔时，会发现盐度低的液体将慢慢流向盐度高的液体，直到两侧的液体盐度达到平衡。而正常情况下，动物的体液盐度要小于海水，因此生活在海水中的动物就面临着体内的水分会脱离身体流向高盐度的外部海水，从而造成动物本身脱水的危险。为了保持和恢复体内的水平衡，海生鱼类每天都要大量地饮水。

生活在淡水中的鱼类则面临相反的问题，它们的体液盐度大于外界环境，造成总有水分渗入体内，因此它们每天饮水很少或者根本不直接饮水。

欧洲六须鲶，它的标志性特征就是嘴边的两条长长的触须。

哪种硬骨鱼最长?

皇带鱼是已知身体最长的硬骨鱼类，它的身长可以超过10米，体重可达几百千克。它一生中的大部分时间都在300米以下的深海中度过。皇带鱼又被称为“鲱鱼王”，因为人们经常会在成群的鲱鱼中发现它。

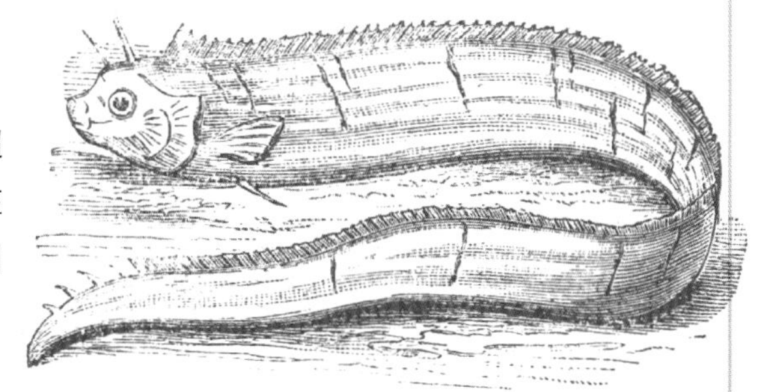

深渊怪鱼

在极深的海底，阳光根本无法到达那里，水温终年在零度左右，水压非常大。在这种恶劣的环境中，却也有许多种相貌十分古怪的鱼类在此繁衍生息，这些顽强的动物经过成千上万年的进化已经完全适应了这种极端的生活条件。它们中的一部分竟然进化出了能发光的器官，既可以用来吸引并捕捉猎物，也可以借此寻找同类，以便完成交配。

发光巨口鱼

发光巨口鱼（*Stomias boa boa*）常年生活在700～1000米的深海中，体长约25厘米。它的下巴上长着一个突出的发光器，顶端会发出闪光，用于吸引猎物靠近。

蝰鱼

蝰鱼（*Chauliodus sloani*）生活在500～3000米的深海，体长可以达到60厘米，它的嘴巴里有发光器官。

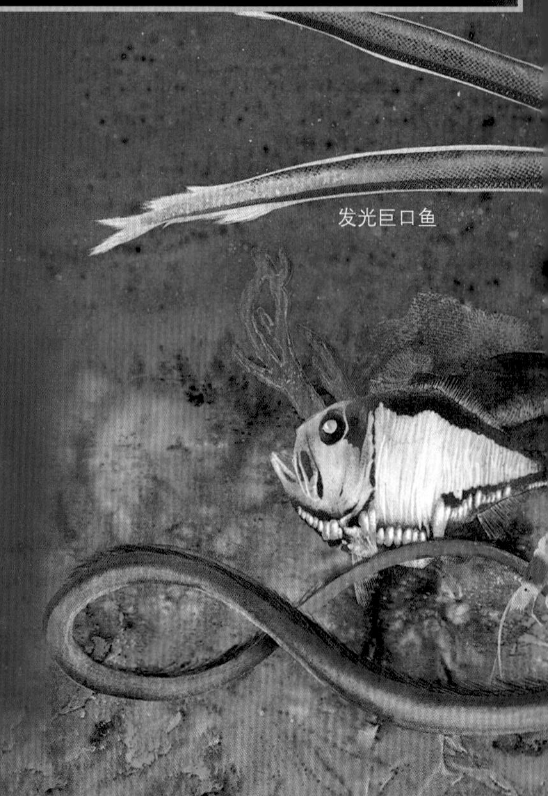

发光巨口鱼

黑角鮟鱇

黑角鮟鱇（*Melanocetus johnsonii*）最大的特征是在头的前部有一个发光的诱饵器官，它们一般生活在3000米深的海中，雄性体长3厘米，而雌性的体长则是雄性的6倍。

角高体金眼鲷

角高体金眼鲷（*Anoplogaster cornuta*）又名尖牙鱼，它们有一个明显被压扁的身体，头很大而且满口尖牙。体长约18厘米，一般在深度超过2000米的水域活动。

吞噬鳗

吞噬鳗（*Eurypharynx pelecanoides*）又叫宽咽鱼，它有一张大得夸张的嘴巴，能把较小的生物整个吞下肚。它们的体长可以达到1.5米，在7000米以下的水域活动。

两栖动物

两栖纲包括上千种不同类型的脊椎动物，它们都是最早从海洋走上陆地的那些原始脊椎动物的直系后代。也正如它们的原始祖先一样，这些动物的一生中会有一部分时间仍需要生活在水中。两栖纲的学名Amphibia来自古希腊语，原意为“双重的生活”，这也恰好强调了这类动物的前半生必须生活在水中，而只有成年后才能利用陆地上的食物资源生存。而且即使在陆地上，它们也必须生活在相当潮湿的环境中。这一纲又可以分为三个目：有尾巴的两栖类归入有尾目；没有尾巴的，自然归入无尾目；而那些没有脚的，则归入无足目。

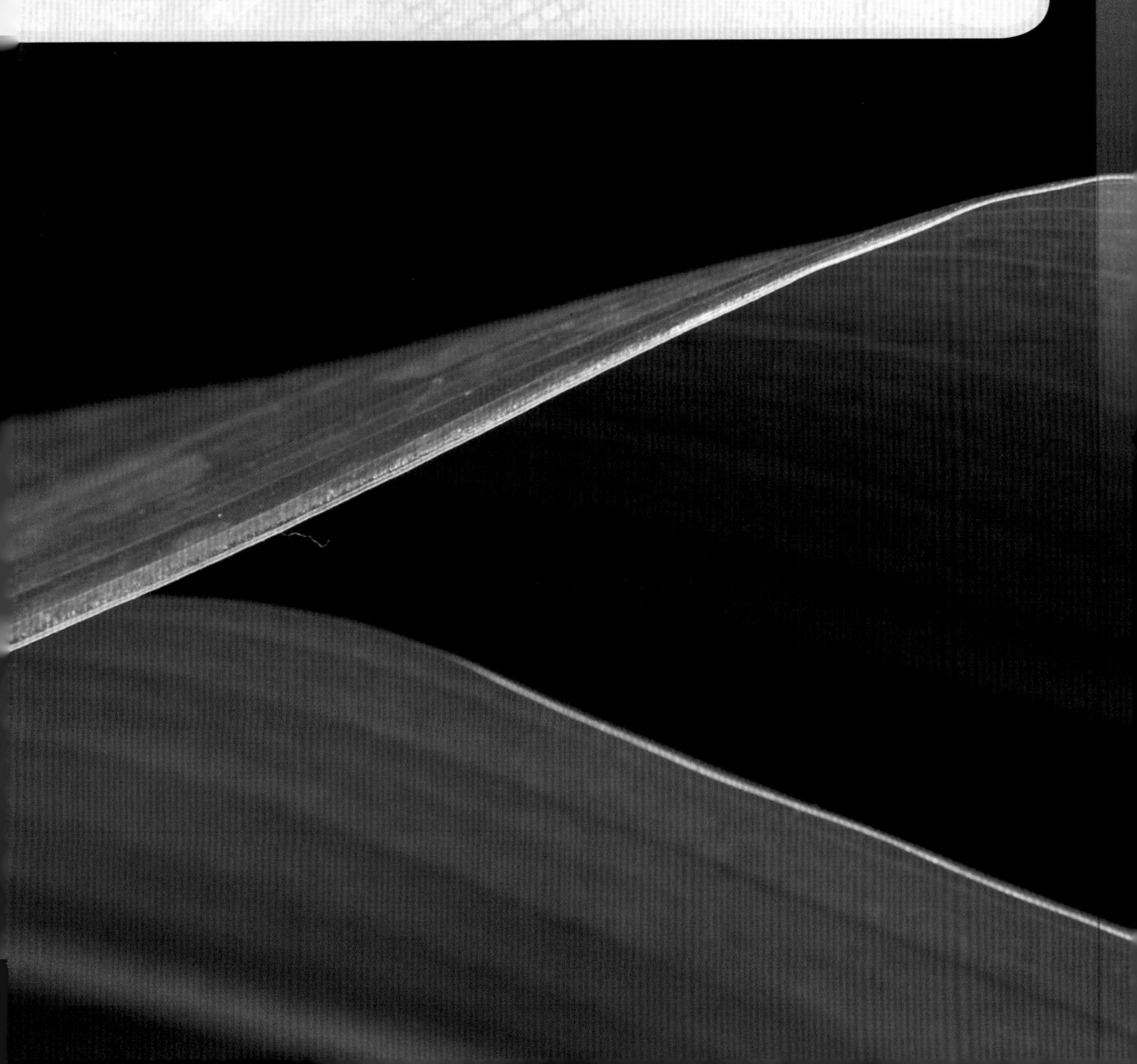

无尾目

大蟾蜍的学名是怎么来的？

大蟾蜍（*Bufo bufo*）也就是通常说的癞蛤蟆的学名是*bufo*，这个词的原意是搞笑和滑稽，据说主要是因为大蟾蜍的叫声类似于“布佛、布佛”而得名。事实上，蟾蜍科是两栖纲无尾目中一个很庞大的族群，它的成员身材短粗，皮肤布满褶皱而爪子很短。蟾蜍科下辖近250种不同类型的蟾蜍，其中最常见的就是外号“搞笑”的这种大蟾蜍。

大蟾蜍体长可以达到20厘米，是欧洲已知最大的两栖动物。和蟾蜍科的大多数成员一样，它们有一条表面黏滑的长舌头，这种舌头可以飞快地从嘴巴里弹射出来捕捉猎物，然后再收回紧闭的嘴巴里。之后，蟾蜍会瞪大眼睛，眼球注视下方，聚精会神地吞咽猎物。

番茄蛙为什么会分泌一种有毒的黏液？

番茄蛙（*Discophus antongilli*）这种独特的两栖类动物生活在马达加斯加东北部，因为它遍体通红，因此又被叫作番茄蛙。当遇到危险时，这种小青蛙会瞬间使自己的身体膨胀得像个球形，将敌人吓退。同时，它的皮肤还会分泌出一种有毒的黏液，足以使蛇的颌骨丧失行动能力数小时。而人接触后也会感到疼痛。

番茄蛙生活在水流平缓的池塘和溪流边，以昆虫和蠕虫为食。雄蛙体长可以达到7厘米，而雌蛙的体长则是雄蛙的2倍。

上图：大蟾蜍。中图：蟾蜍捕食猎物的过程。下图：番茄蛙。

两栖动物都分布在哪里？

两栖动物的足迹遍布全球除南极以外的所有大陆地区，但毫无疑问，它们首先生活在那些温暖湿润的地区，如南美洲热带雨林、非洲、马达加斯加、印度尼西亚、巴布亚新几内亚等地。

分类学知识

什么是无尾目动物?

无尾目（Anura）一词来自古希腊文，意即没有尾巴的动物。此目包含近3500种小动物，其中一些是我们日常生活中非常常见的动物，比如青蛙、蟾蜍和树蛙。

无尾目动物的骨骼数比脊椎动物的平均水平要低。它们的头大而扁，口腔硕大，听觉和视觉非常灵敏。同时，它们拥有与后来爬行动物相近的一个特殊器官，能感受到空气中的化学物质，特别是激素的变化。

大部分的无尾目动物都向前跳跃前进，因此它们的后腿长而有力。但也有一些是通过前后肢按照左前、右后、右前、左后顺序交替划动，缓步爬行的。有些种类的无尾目在指尖有黏性的凸起，可以爬树。而那些生活在水中的种类都有脚蹼，它们在向后猛蹬后肢的同时，将前肢像桨一样向后划水。

一只在水中游泳的青蛙，它的后肢脚蹼完全打开如同鱼的鳍一样。

为什么树蛙善于爬树?

以红眼树蛙（*Hyla arborea*）为例。这种树蛙的体长一般为5～8厘米，身体背部为鲜艳的亮绿色，两条褐色的体线自鼻部发出，穿过眼部，贯穿整个体侧。它最重要的特征是爪子的指尖有带黏性的吸盘，能让成熟的树蛙在植物和树上攀爬自如，并可以停留在植物的顶端很长时间以捕食昆虫。红眼树蛙分布在中美洲热带雨林地区，有传说称树蛙嘶鸣表示天将下雨。其实，它间歇的鸣叫主要表明大气环境恶化和温度的降低。

一只树蛙用它的指头紧紧地抓住植物的枝杈。

为什么多米尼加树蛙的叫声如此有趣？

多米尼加树蛙（*Eleutherodactylus coqui*）是一种南美洲的无尾两栖类动物，它的西班牙语名字叫作“科奇蛙”，这个名字直接来源于它发出“科奇、科奇”的独特叫声。

科学家们录制了它们的叫声并加以分析，发现其实这“科奇”声是两个相互分离的音节。雄蛙的叫声是“科”，可以视作一种威胁；而雌蛙发出“奇”的叫声，是求偶的含义。

一只雌性科奇蛙，一般来说雌蛙的颜色要比雄蛙浅许多。

“科奇蛙”原产在加勒比地区的波多黎各，在当地这种青蛙被视为一种吉祥物并逐渐发展为一个旅游热点项目。后来，这种树蛙和当地的热带观赏植物一起逐渐被转移至其他热带国家。在这些新居住地，它们的数量迅速膨胀，构成了对当地两栖动物生态的严重威胁。

美洲牛蛙为什么会大声咆哮？

在交配季节，雄性的美洲牛蛙（*Lithobates catesbeianus*）为吸引更多异性的注意而发出巨大的叫声，听起来就像公牛的咆哮一样。正是由于这个原因，加之它的身躯巨大，所以才得了“牛蛙”这个名字。

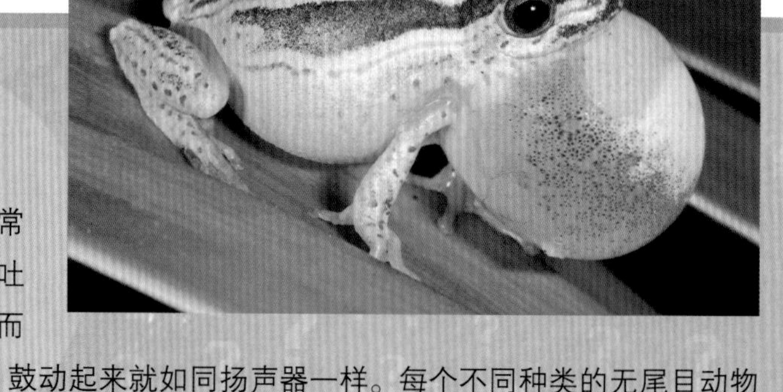

为什么无尾目动物都爱哇哇叫？

雄性的无尾目两栖动物都有非常发达的发声器官。它们将空气自肺部吐出，经过原始的声带振动形成声音，而且在咽喉两侧还生有巨大的皮肤褶皱，鼓动起来就如同扬声器一样。每个不同种类的无尾目动物的叫声都不同，这也是它们的特征之一。它们巨大的叫声主要用于吸引异性，同时也由于这些动物一般都小群地聚集在一起生活，所以用声音来定位自身方位，以界定各自的领地范围，并提醒同伴可能出现的危险。

一只青蛙的咽部薄膜鼓起，可以达到它身体一样的大小。

美洲牛蛙的原产地在北美洲，体长可以达到20厘米，体重约750克。这种蛙主要在夜间活动，它不仅捕食无脊椎动物，也攻击小鱼、蛇和小型啮齿动物。攻击方式主要是用它的凌空一跳和血盆大口。

上图：牛蛙；下图：绿蟾蜍。

为什么说绿蟾蜍是歌唱家?

在夜半十分，雄性绿蟾蜍（*Bufo viridis*）的半个身子坐在水塘中鼓动着咽部的薄膜，纵情地歌唱。它的歌声声调悠扬，颤音丰富，而雌性绿蟾蜍就是通过这种歌声来选择配偶的。那些声调低沉深远、声音洪亮的雄蛙表明身体状态很好。一般情况下，雄性绿蟾蜍的体长可以达到10厘米，而雌性个体则可以达到14厘米。

绿蟾蜍广泛地分布在亚洲和欧洲东部地区，包括这些地方的荒漠和高山。它的皮肤呈白色，上边有许多疙瘩，内有毒腺，同时还密布着亮绿色的斑点，这也是它得名的原因。在不同的分布地，绿蟾蜍的皮肤颜色和图案亦不相同。它们昼夜都会出来活动，主要以昆虫和其他小型无脊椎动物为食。

什么是世界上最小的两栖动物?

根据最新发现，产自巴布亚新几内亚地区的阿马乌童蛙（*Paedophryne amauensis*）不仅是世界上最小的两栖动物，也是已知最小的脊椎动物。它的身长仅7.7毫米，也就是不到1分硬币的一半大。

箭毒蛙因何得名?

箭毒蛙科是一些白天活动的陆生两栖类动物，它们一般颜色鲜艳并带有剧毒。箭毒蛙主要生活在中南美洲的热带雨林中，之所以会有这样的名字，主要是因为它们皮肤所分泌的毒液自古以来就被当地的土著人用来涂抹吹箭和弓箭的箭头。而只要一点点金色箭毒蛙（*Phyllobates terribilis*）的毒液就足以杀死一个成年人。最新的研究发现，箭毒蛙的毒性与食物有关，它们捕食的毒蚂蚁是毒性的来源。

上图：迷彩箭毒蛙；下图：金色箭毒蛙。

为什么说迷彩箭毒蛙的繁殖是角色对换的结果?

在繁殖过程中，迷彩箭毒蛙（*Dendrobates auratus*）的行为与自然界的普遍规律相反：雌蛙为争夺优先交配权而相互搏斗，胜利者追随并吸引雄蛙，然后通过自己的后肢爬上雄蛙的背部进行交配。之后，雄蛙负责保护雌蛙产出的卵直到孵化完成，雌蛙则负责将蝌蚪背好，运到最近的水域中去。迷彩箭毒蛙体长约5厘米，如同箭毒蛙科的其他成员一样，它一生中的大部分时间都在树间活动，靠捕食昆虫为生。

产婆蟾因何得名?

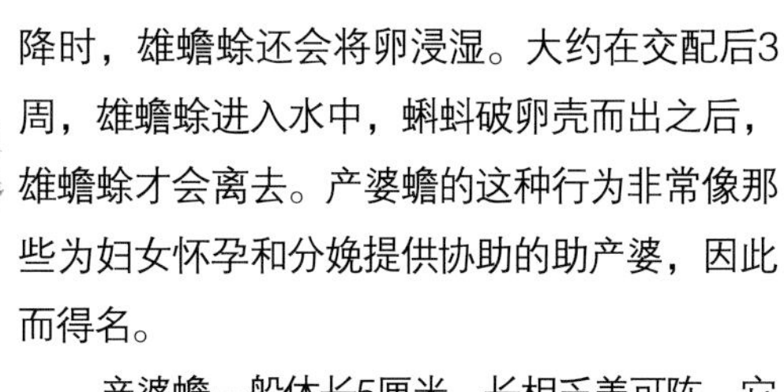

产婆蟾（*Alytes obstetricans*）分布于欧洲西部的法国、比利时、瑞士等地。它之所以有这样的名字，是因为雄蟾蜍会在雌蟾蜍产下硕大的卵后，将卵带缠绕在自己的后肢上，并将卵背在背上，悉心加以照顾，每当卵的水分下降时，雄蟾蜍还会将卵浸湿。大约在交配后3周，雄蟾蜍进入水中，蝌蚪破卵壳而出之后，雄蟾蜍才会离去。产婆蟾的这种行为非常像那些为妇女怀孕和分娩提供协助的助产婆，因此而得名。

产婆蟾一般体长5厘米，长相乏善可陈。它们生活在碎石堆积的花园中，在夜间捕食昆虫。

生命如何运转

无尾目是如何繁殖的?

大多数无尾目都是体外受精的卵生动物，一般情况下，雌性会将卵产在水中，固定在植物上，卵单个或成群地按线状或成堆排放，也有部分种类会将卵产在湿润的地洞里。它们的卵基本都是透明的胶囊状，缺少外壳的保护。自卵中孵出的幼仔立即具有在水中独立生活的能力，它们以单细胞动物和植物为食，像鱼的幼仔一样靠鳃和皮肤呼吸，用尖尖的尾巴游水。经过几天到几个月不等的一个时间段后，幼仔开始出现向成年个体转化的变态，鳃逐渐消失，肺出现，长出用以在地面和水中活动的四肢，尾巴退化而适合肉食的消化系统完成。

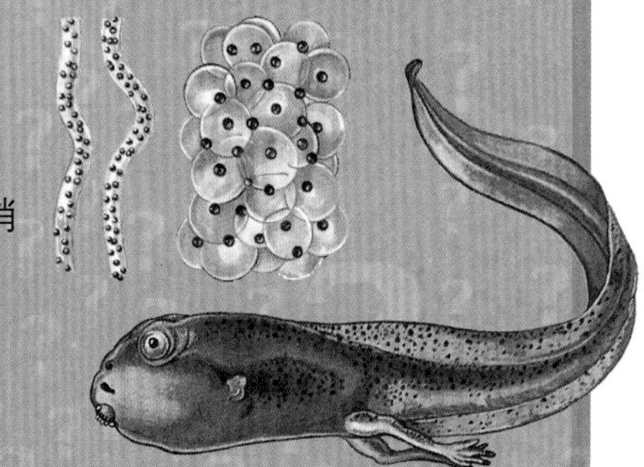

上图：产婆蛛；右图：青蛙的幼体、青蛙卵（呈团状）和蟾蜍的卵（呈线状）。

黏糊糊的无尾目

无尾目动物有一个两栖类共有的特征，而且这种特征在它们身上更加明显，那就是它们的皮肤会分泌黏液来保持体表湿润。这主要是可以有效地减少组织失水，并使这些动物的身体总是保持黏滑，以便很容易地从掠食者的爪下滑脱。同时，无尾目动物的皮肤很薄，当它们浸泡在水中时，可以通过皮肤上的小孔来渗入氧气进行呼吸。

华丽的外表

花箭毒蛙

花箭毒蛙（*Dendrobates tintorius*）是世界上颜色最鲜艳的蛙类，体长一般为6厘米。

天蓝丛蛙

天蓝丛蛙（*Dendrobates azureus*）又名钴蓝箭毒蛙，这是一种通体为鲜艳的蓝色的箭毒蛙，这颜色表明了它具有很强的毒性，足以吓退可能的猎手。它的皮腺能产生强毒，对大多数的人和动物都有致命的威胁。

牛奶蛙

牛奶蛙（*Phrynohyas resinifictrix*）的名字来自其奶白色的体色，其间有黑色斑点，体长可以达到8厘米。

巧妙的伪装

越南苔藓蛙

与本页所介绍的其他产自南美洲的青蛙不同，苔藓蛙（*Theloderma corticale*）产自越南，体长约7厘米，皮肤上布满绿色、紫色、黑色的斑点、肿块、刺及结节，就像岩石上的苔藓。借助这种怪异皮肤，它成为青蛙家族中的伪装高手。

角蛙

角蛙体长可以达到20厘米，在它双眼的上方有三角形肉质凸起，形同小角，并因此而得名。

喀麦隆巨蛙

喀麦隆巨蛙（*Conraua goliath*）体长可达30厘米，张开四肢则可达80厘米，为世界上最大的无尾目动物。主要生活在喀麦隆南部和赤道几内亚北部的原始森林中。

巨大的体型

非洲牛蛙

非洲牛蛙（*Pyxicephalus adspersus*）是世界上第二大蛙类动物，体长一般为25厘米，重量可达2千克。

海蟾蜍

海蟾蜍（*Bufo marinus*）又名美洲巨蟾蜍，是目前世界上最大的蟾蜍，第三大蛙类动物，原产中美洲及南美洲，体长可达12厘米以上，重量可超过2千克。和其他无尾目动物不同，它对各种自然环境的适应能力很强。澳大利亚引进这种蟾蜍后泛滥成灾。

有尾目和无足目

为什么真螈有一身艳丽的外衣?

真螈（*Salamandra salamandra*），又叫火蝾螈，是在整个欧洲和北非地区都非常常见的一种动物。它们一般全身呈黑色，有黄色斑点或斑纹，如同穿着一身非常艳丽的外衣。

正如自然界中的一个普遍规律一样，越是艳丽的动物越是具有毒性。真螈如此艳丽的外表就是要准确无误地告诉所有的觊觎者一个无需隐藏的事实——它是有毒的。事实上，真蝾螈的眼睛后面生有特殊的腺体，可以分泌出毒性很强的毒液。

它们一般体长在20厘米左右，生活在潮湿的森林环境中，夜间活动，以蚯蚓、蠕虫和昆虫为食。

上图：黑真螈；下图：真螈。

为什么说黑真螈是两栖动物的一个特例?

黑真螈（*Salamandra atra*）就如同它的名字一样，通体漆黑，体长大约有15厘米，主要出没于阿尔卑斯山脉的树林和牧场间。作为一种两栖动物，黑真螈却基本不会游泳，即使是在繁殖期间也不会返回水中。雌性黑真螈的卵在体内孵化，幼体也在母体内长大，直至强壮到能独立生活才从母体内产出。

当然，黑真螈仍需要生活在湿润的环境中，它们只在夜晚或雨天才外出活动，以昆虫为食。

分类学知识

什么是有尾目动物？

目前地球上大约有300种有尾目两栖动物，它们广泛分布在北半球的各个大陆上。它们中的一些成员已经完全适应了陆地上的生活，比如真螈；而另一些成员则仍是水生动物，如冠欧螈。它们生活的环境十分广泛，有水塘的植物间、灌木丛中、洞穴中、苔藓间，甚至高山多石的峡谷中。它们边扭动身体和尾巴边在水中游动，按照左前、右后、右前、左后顺序交替移动短小的四肢向前爬行，边走还边摇动尾巴，就像在游泳一样。它们的身体一般很短小，呈圆锥形。它们的眼睛通常很发达，但听觉器官还没有进化出耳膜，因此它们更加依赖视觉和嗅觉。它们中的一些水生种类，由于长期生活在水中，因此保留了体侧线这一鱼类特有的器官。

一只雄性冠欧螈，它的背冠非常有特点。

而当春天到来时，它们的繁殖季节也就到来了。雌性虎纹钝口螈会返回水中，产下数千个卵。幼体从卵中孵化出来后，为了生存，它们经常要相互残杀。只有那些幸存下来的虎斑蝾螈才能在水中长到成年，而后它们就会弃水上岸，开始成年后的陆上生活。

下图和左图：不同种类的虎纹钝口螈，颜色差别很大。

虎斑蝾螈会冬眠吗？

一些产自北美洲的蝾螈被人们称为虎纹钝口螈（*Ambystoma tigrinum*），又名虎皮蝾螈，它们的体长一般为18～35厘米，体色黄黑并有很大的条纹和斑点。每年冬季，虎纹钝口螈就会寻找其他动物放弃不用的洞穴，躲在其中冬眠，以此方式在寒冷的环境中生存下来。

世界上最大的两栖动物是哪个?

中国大鲵(*Andrias davidianus*)也叫娃娃鱼，是世界上已知的最大的两栖动物。它们的体长可以达到1.5米，用鳃和肺呼吸，捕食无脊椎动物、小鱼和爬行动物。

为什么说墨西哥钝口螈是两栖类中的异类?

上图：中国大鲵；中图：墨西哥钝口螈的头两侧有鬃毛状的鳃。

和其他两栖类动物不同，墨西哥钝口螈(*Ambystoma mexicanum*，又名“美西螈”，俗称“六角恐龙”)即使是成年后也不会变成陆生动物。这种特殊的蝾螈生活在中美洲，它们的体长可以达到30厘米。因为它们的鳃仍然非常发达，所以墨西哥钝口螈可以一生都生活在水中。只有在它们生活的环境发生剧烈变化时，例如种群过剩、严重旱灾或水域含氧量大幅下降的情况下，为了适应新的环境它们才会完成变态，成为陆生动物。和冠欧螈一样，墨西哥钝口螈有很强的再生复原能力，它受伤后会在几个月内长出新的肢体，甚至是一些极其重要的器官，例如脑。

生命如何运转

有尾类是如何繁殖的?

在变态期的有尾目两栖动物要比无尾目安全得多，因为它们从幼体到成年身体变化不大，只是大小发生改变。这期间唯一最重要的改变发生在呼吸系统。许多种类的蝾螈都是卵胎生，也就是卵在体内受精，完成孵化和成长。当小蝾螈出生时，它们已经基本成形了。

一只抱卵的雌蝾螈。

为什么雄性高山欧螈春天时会变颜色?

高山欧螈(*Triturus alpestris*)是一种广泛生活在欧洲山地的两栖动物，每到春季它们的外表都会变得很鲜艳：黄色的背冠有黑色的斑点，或蓝色的侧面配上亮黑的斑点，也可以是绿松石色的条纹或红色—橘色的腹部。所有这些艳丽的外表主要是为了吸引异性的注意，使雌性明白越是鲜艳的雄性，它的精子也就越强大，适合交配。

上图：高山欧螈；下图：水边的冠欧螈。

雌螈将雄螈的精子收集并储存在腹部的一个囊中，之后的一周中精子与卵子受精。雌螈最终可在水生植物上产下200枚受精卵。但春季交配季节结束后，高山欧螈就会离开水边重新回归陆地生活。此时，雄螈的外表会出现新的变化，背冠会萎缩，皮肤变得粗糙，而颜色也不再那么鲜艳。

冠欧螈为什么闻起来很臭？

冠欧螈（*Triturus cristatus*）生活在欧洲大部分地区的池塘、湖泊和沼泽中，它们的雌性一般体型大于雄性，可以达到18厘米，比它们的表亲高山欧螈要大1.5倍，它们也是欧洲地区最大的蝾螈。

它们的全身都布满了疙瘩，雄性冠欧螈在交配季节会沿着背部长出一道高高的背岭。冠欧螈的皮下有一种特殊的腺体，能分泌一种乳白色的体液，味道十分刺鼻，类似于大蒜的臭味，冠欧螈以此来吓退捕食者。

冠欧螈是一种全能型的夜间猎手。在陆地上，它们捕食蠕虫、蚯蚓和昆虫，而在水中它们吃蝌蚪和软体动物。和其他两栖类动物能较长时间生活在陆地上相比，冠欧螈只能在离水较近的地方活动，以保持身体的湿润。在冬季，它们也会冬眠，而在多雨的3月，它们会返回当初出生的池塘中去。

为什么说洞螈是个纯粹的瞎子?

在南欧山地的水系中，特别是在石底的溪流和溶洞中，生活着一种被称为洞螈（*Proteus anguinus*）的无足目两栖动物。这是一种十分独特的两栖动物，它们通体几乎无色，而且是真正的瞎子。这主要是因为，它们长期生活在无光的环境中，视觉器官已经完全退化，但其他感觉器官十分灵敏，可以帮助它追踪猎物。

洞螈的体长可以达到30厘米，外形就像一条长了4只小脚的蛇。它有暴露在外的鳃，主要以水中的小虾和浮游生物为食，它的嗅觉和听觉十分灵敏，可以在水中精确定位。

为什么说鱼螈科是一个庞大的族群?

大约有超过30种生活在美洲、非洲和亚洲热带森林地区的两栖类无足目动物被划入鱼螈科，此科也是无足目中最大的一个群体。尽管体型和颜色千差万别，但所有鱼螈科动物的样子都非常接近蠕虫或蛇类。它们一般体长在1.5米左右，头骨由很少几块相互连接的骨头构成，组成一个很坚硬的结构，这有利于它们钻入地面或在淡水水域的河床中藏身。

上图：洞螈；下图：双带鱼螈。

分类学知识

什么是无足目动物?

无足目包括约200多种两栖动物，分布在除大洋洲外的世界各地。它们是非常独特的一种脊椎动物，绝大多数既无爪也无尾，全身骨骼数目众多，大约可达300块。它们的眼睛严重退化被为眼皮所覆盖，但听觉却十分发达。

在它们头部眼眶下的腔体内，有许多细小的触手，可以感知气味和振动。它们的身体上有一道道圆形的凹槽，使它们看上去很像一节一节的蠕虫，事实上它们的生活习性也很相似。

绝大多数的无足目两栖动物因为有坚硬的头骨，所以可以在地下挖掘洞穴并在其中栖身，它们还以这种方法捕食土壤中的节肢动物。它们中的一些种类生活在水中，像波浪般扭动身体来游动。它们基本都是在体内完成受精，幼体一出生就能独立生活。

环境意识

为什么说两栖类的存在对于生态环境非常重要?

近年来，全球范围内两栖类动物的种类和数量都在急剧减少。而两栖类动物又恰恰是对农作物危害巨大或能传染恶性疾病的许多昆虫的天敌，因此两栖类锐减直接对人类活动构成了威胁。污染和对环境的破坏是造成这种现象的罪魁祸首。同时，在南美和北美，随着全球变暖，大量寄生真菌泛滥也是两栖类减少的重要原因。由于两栖类对环境变化非常敏感，因此它们种群的增减成为人们考察自然环境优劣的一个重要指标。

下图：两栖类只能生活在健康的环境中。

爬行动物

爬行纲动物是重要的冷血脊椎动物，它们散布在全球几乎所有的热带和温带地区。爬行纲大部分为陆生动物，通过有性方式进行卵生繁殖。从目前的研究可以推断，今天的爬行动物是从大约3亿年前一种完全陆生的两栖类动物进化而来的。目前大约有6000种不同形态的动物隶属于这一纲，并被进一步划分为4个目：有鳞目，包括蜥蜴亚目（壁虎、蜥蜴和鬣蜥）、蛇和蚓蜥；龟鳖目，代表动物为海龟和各种陆龟；鳄目，包括各种湾鳄、短吻鳄、凯门鳄和长吻鳄。除此以外，还有一个喙头蜥目的爬行动物，幸存至今只有一科即喙头蜥科，只有两个种，它们是非常原始的蜥蜴，被认为是活化石。

有鳞目

为什么说壁虎是天生的攀岩者?

壁虎又叫守宫、四脚蛇，属中小型蜥蜴。壁虎的爪尖十分发达，腹面有皮肤褶襞，密布腺毛，有很强的黏附能力，使壁虎可以在各种光滑的垂直面，包括玻璃面上攀爬如飞。

鳄鱼守宫（*Tarentola mauritanica*）是一种常见的壁虎，在南欧和北非随处可见。它身体扁平，身上排列着粒鳞和疣鳞的瘤块，体色从亮灰到深褐色不等，一般体长不超过15厘米。

鳄鱼守宫行动敏捷，攀爬如飞，又有一条带黏性的长舌头，因此是一个非常出色的猎手，主要以节肢动物为食。它们都有自己的领地，当有竞争者闯入时，它们会做出威胁的动作，以吓退不速之客。

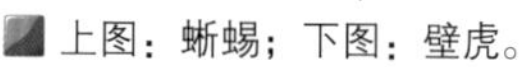

上图：蜥蜴；下图：壁虎。

为什么蜥蜴有时会断尾?

蜥蜴有一条长尾巴，它的末端逐渐变得薄而尖，非常脆弱易断。和许多蜥蜴亚门的动物一样，为了能从掠食者的爪下逃生，蜥蜴可以迅速且主动地将一部分尾巴断在一边。而在获得安全后，它的尾巴还会再生出来。

在南欧最常见的一种蜥蜴是意大利壁蜥（*Podarcis siculus*），它的长度大约是25厘米，体色五花八门，地域差异很大。意大利壁蜥数量众多，种类繁杂，在一些海岛和相对孤立的地区，有许多独特的亚种存在。

意大利壁蜥能如此广泛存在的重要原因在于，它们的食性广泛，不仅吃几乎所有类别的昆虫，也吃水果和人类丢弃的生活垃圾。

分类学知识

什么是有鳞目动物?

有鳞目包括几千种陆生、淡水生和海生的爬行动物，广泛分布在全球除南极洲外的各个大陆上。就如同这一目的名字一样，所有此类爬行动物的身体上都披着由增厚异化的皮肤演化而来的角质鳞片。这些鳞片呈细条纹状排列，不会对身体的灵活性造成阻碍。有鳞目的另一个特点是它们的头骨结构，它们的咽喉可以打开得很大。有鳞目也有蜕皮的现象，但和其他目的爬行动物整体蜕皮不同，有鳞目是从表层的组织开始，一部分一部分地蜕皮。这实际上增加了它们所面临的危险。与其他目爬行动物都为卵生不同，有鳞目既有卵生又有卵胎生。

绿色曼巴蛇。

为什么胎生蜥蜴会成为世界上分布最广泛的爬行动物?

胎生蜥蜴（*Lacerta vivipara*）体长约10厘米，是一种以卵胎生方式繁殖的蜥蜴。卵在雌蜥的腹中充分发育，幼蜥一出生就已经完全成形并可以独立生活。正是这种特殊的繁殖方式，保证了幼蜥的存活，使胎生蜥蜴即使在最严酷的气候条件下也能生存繁衍。

胎生蜥蜴分布于欧洲乌拉山远端的英格兰和爱尔兰，往东通过西伯利亚到远离东海岸的库页岛等广大地区，以及蒙古、日本以及中国的新疆、黑龙江等地，主要生活于针叶林边缘开阔地以及林间草甸或沼泽地带。无论是野外还是城市都是它们的栖息地。

中图：胎生蜥蜴。

为什么地球上的寒冷地区没有爬行动物存在?

爬行纲是冷血动物，它们无法有效地控制体温，使自己的体温不随气温变化而变化。因此在外界寒冷的情况下，它们有可能被冻住。正是由于这个原因，它们在夜间和冬季是不活动的，只在地洞中躲避。

为什么西方人用“蜥蜴咬人”来形容固执?

这主要是因为在一般情况下，蜥蜴攻击人是很少见的。而一旦被咬住，就很难让它们松开，它们会极其“固执”地咬下去。不过，万幸的是蜥蜴的牙齿分化还不发达，所以咬起来也并不很疼。

这里提到的蜥蜴一般是指翠绿蜥（*Lacerta virdis*），它们广泛分布在地中海东部和安纳托利亚地区沿岸的丘陵地带。它们行动敏捷高速，主要以蜘蛛、昆虫、小型两栖动物及鸟蛋为食。

翠绿蜥的领地意识很强，为保护自己的领地，雄性翠绿蜥会用后腿站立起来，以尾巴在空气中抽打并撕咬对手的下巴，直到有一方承认失败并撤退为止。

上图：一只面目狰狞的美洲绿鬣蜥。

为什么说美洲鬣蜥虽然外貌吓人但对人无害?

美洲绿鬣蜥（*Lguana iguana*）一般可以长到2米长，背部长着一副锯齿形的背冠，尾巴强壮有力，四足上有长而粗壮的爪子。所有这些特征都让鬣蜥给人留下了充满威胁性、攻击力十足的凶猛怪兽印象。而事实上，它们其实是一种很温和的动物，主要以昆虫、树叶、花和水果为食。

美洲绿鬣蜥生活在美洲的热带雨林中，为迷惑掠食者，它们的体色多呈难以辨别的灰绿色。

生命如何运转

爬行动物如何能不依靠水而生存?

不仅是有鳞目，事实上所有爬行动物的肺和两栖动物相比都要健全得多。它们的皮肤也已经进化到足以保证动物个体不会出现脱水的危险，从而使爬行动物可以在更热、更干燥的环境中生存。更为重要的进化在于繁殖方式上，爬行动物同鱼类及两栖类不同，它们的卵不再是微小和果冻样的了，而是要大上很多，在卵外还有保护胚胎的硬壳，足以保证卵不会自我干涸或遭到小型掠食者的破坏。在这层硬质的钙化壳里面，还有一层膜体，被称为羊膜，羊膜中充满了液体，足以滋养胚胎发育，直到它破壳而出。这种卵的形式完全适应于陆生环境，并为后来的鸟类及单孔类哺乳动物所继承。

一只在河中的凯门鳄。

分类学知识

什么动物才算是蜥蜴?

有鳞目中最古老的种群被称为蜥蜴亚目，它们一般脖子较长并且有四个爪子，个别种类的四足退化为两足或完全没有。它们的眼睛有可以移动的瞳孔，同时听觉器官也十分发达。它们的体型差异很大，既有仅长1.5厘米的小家伙，也不乏体长近3米的巨无霸。它们主要分布在世界上较温暖的地区，以肉食为主，主要捕食节肢动物和软体动物，但有的也会以鸟类和小型哺乳动物为食。

蜥蜴的牙齿还没有完成分化，因此它们并不能将猎物嚼烂，只能将其整个吞下肚子后再慢慢消化掉，所以它们每捕食一次可以满足好几天的需要。绝大部分的蜥蜴都是卵生动物。雌性蜥蜴会在沙子或土层下产出或软或硬的卵，依靠太阳的辐射的热量使胚胎完成孵化。

翠鬣蜥。

为什么说海鬣蜥是潜水冠军?

生活在加拉帕戈斯群岛和西厄瓜多尔的海鬣蜥（*Amblyrhynchus cristatus*）是唯一一种完全在海洋环境下生活的鬣蜥。它们大多数时间都会趴在海边的岩石上晒太阳，但为了捕食，也可以一口气潜入水中十多分钟，并直达10多米的深度，用锐利的爪子挖掘海床上的海藻。它们游泳的方式和蝾螈非常相似：将四足在体侧收紧，用摇动的尾巴产生向前的推力。它们之所以能在水中下潜这么久，主要在于能够有意识地降低心跳的速度，同时它们可以直接饮用海水并利用鼻部的腺体将水中的盐分排出体外。

中图：两只海鬣蜥；右图：一只变色龙在捕食昆虫。

爬行动物对人类有什么益处?

尽管说哺乳动物、鸟类和鱼类也许对人类的生活具有更大的意义，但我们也丝毫不能忽视爬行动物。正是它们的存在，有效遏制了各种害虫和有害啮齿动物的泛滥，防止了它们所携带的可怕疾病的蔓延。

上图：两只在夜晚被摄影师吓了一跳的科莫多巨蜥；下图：澳洲魔蜥。

科莫多巨蜥是一种什么动物？

科莫多巨蜥（*Varanus komodensis*）是地球上体型最大和最重的蜥蜴，它们主要聚居在印度尼西亚的小巽他群岛（科莫多岛、林卡岛、莫堂岛、弗洛雷斯岛），目前仅存不到3000只。这种动物的体长最长可以达到3米，体重超过100千克。它是一种凶猛的肉食动物，捕食无脊椎动物、鸟类和哺乳动物，也吃腐肉。它们的视觉和嗅觉非常灵敏，舌头长而分叉，在空气中不时搅动以获取环境中各种气味物质信息。

科莫多巨蜥的嘴巴是一件致命的武器，不仅因为它有强健的颚骨和锋利的牙齿，更因为它可以喷出一种含有毒素的唾液。

为什么澳洲魔蜥浑身都是刺？

在澳大利亚东部的沙漠中生活着一种外貌十分古怪的爬行动物，叫作澳洲魔蜥（*Moloch horridus*），它们体长可达20厘米，全身长满了刺。

澳洲魔蜥身上的刺一般长在背部和头部，也有不少长在爪子和尾巴上，这些刺的功能是双重的。首先，它可以抵御捕食者的攻击。因为澳洲魔蜥每天大部分时间是在原地不动地伪装成石头，等待粗心的猎物靠近，因此它们移动起来速度不快，只能靠刺来抵御攻击。其次，这些刺可以收集沙漠中的露水，并利用其中的细管传入口中，供澳洲魔蜥饮用。

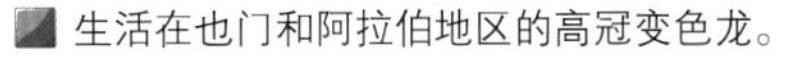
生活在也门和阿拉伯地区的高冠变色龙。

为什么说变色龙是自然界的奇迹?

避役俗称变色龙，为蜥蜴亚目、避役科爬行动物，主要分布在非洲大陆和马达加斯加岛，少数分布在亚洲和欧洲南部。变色龙的种类约有160种，其中在马达加斯加占一半左右。

变色龙形态各异，体长从几厘米直到近0.5米。除个别特例外，所有变色龙都具备一样独一无二的本领，那就是根据周边的环境、光线的变化，以及受到的威胁而随心所欲地改变身体的颜色。它们的这种本领源自于体表下的一种特殊细胞，它使变色龙的体色可以由冷色的绿与褐色，逐步转化为更为鲜艳的黄色或红色。变色龙的其他特征还包括：向下卷曲的尾巴，能够各自独立转变方向的眼睛。它们的眼皮上覆盖着鳞片，只有一个小孔对外打开并正对着瞳孔。

蛇是如何爬行的?

蛇类是无足的，它们移动的方式有三种方式：有的蛇通过收缩体侧与肋骨相连接的肌肉，使宽大的腹鳞施力于地，推动蛇身向前移动；有的蛇身体在地面上做水平波状弯曲，使弯曲处的后部施力于粗糙的地面，进而推动蛇身前进；还有些蛇身体前部抬起，尽力前伸，接触到支持物后，后部即跟着缩向前去，然后再抬起身体前部向前伸，触及支持物后，后部再缩向前去，如此交替伸缩前行。

为什么伞蜥又被叫作斗篷蜥?

左图：处于防御状态的伞蜥；中图：飞蜥。

伞蜥（*Chlamydosaurus kingii*）的外形较为可怕，体长最长可达1米，当受到威胁时，它会表现出狰狞的样子：后腿高高站起，张开颈部四周长有舌骨所支撑的伞状领圈皮膜。同时；它会大大地张开嘴巴，发出“嗞嗞”的怪叫声，威慑力十足。难怪它又被称为斗篷蜥。

伞蜥居住在巴布亚新几内亚和北澳大利亚，一生中的大部分时间都是栖息在树上的。它会从一棵树跳向另一棵树，以捕食昆虫和小型脊椎动物为生。

为什么飞蜥很少到地面上活动?

飞蜥（*Draco volans*）生活在南亚的热带雨林中，体长一般为20厘米，体侧生有宽大而薄的翼膜，由延长的肋骨支持。

什么是喙头目动物?

喙头目爬行动物目前只有一科，即喙头蜥科，且仅有两个种——楔齿蜥（*Sphenodon punctatus*）和棕楔齿蜥（*Sphenodon guntheri*）。但喙头目却是非常古老的爬行动物，被称为“活化石”。喙头目现在仅存于新西兰北部的几个石质小岛上，数量稀少，濒临灭绝。它们的体长一般不超过0.5米，是一种非常长寿的动物。它们的背部有背冠，看上去与鬣蜥很相似。但它们与蜥蜴在解剖学特征上有着明显的区别：头骨有上、下2个颞孔；牙齿长在上下颚骨、颌骨的边缘并有锄骨齿；眼部有瞬膜（第三眼睑），当上、下眼睑张开时，瞬膜可自眼内角沿眼球表面向外侧缓慢地移动；头顶有发达的顶眼，具有小的晶状体与视网膜。喙头蜥在低温情况下也可以活动，主要食物是昆虫或其他蠕虫和软体动物。

棕楔齿蜥。

生命的秘密

蛇是怎么蜕皮的?

和哺乳动物的皮肤始终在不断剥落和更新不同，蛇蜕皮是一次性完成的，它们每年都会蜕皮几次。不同的蛇蜕皮的频率不同，同一种蛇在不同的年龄和健康状态下的蜕皮周期也不同。一般说来，处于生长阶段的幼蛇会比成年蛇蜕皮频繁。

通常情况下，蛇蜕皮要持续两周的时间。首先是它的表皮和身体逐渐分离，在两层组织中间产生一层薄薄的不透明的液体层并逐渐凝固为一层新的皮层。于是蛇开始努力脱开旧皮（又称角皮）的束缚。它会用力擦头部吻端及上下颌，当撕开下颌旧皮时，即翻仰头部擦上颌。上下颌角皮均擦开后，头部角皮逐渐翻蜕。此时蛇借助树枝、岩石、草等障碍物加快蜕皮速度，就像脱去一只袜子。蜕皮后的蛇体斑纹清晰，新鲜醒目。

这种翼膜并不能进行真正意义上的飞行，但却可以使飞蜥从一棵树滑行到另一棵树上。飞蜥一生中几乎只到地面活动一次，那就是雌性飞蜥产卵的时候，它们会将卵产在地洞中并用沙子覆盖起来。

蛇蜥到底是蛇还是蜥蜴?

蛇蜥是一类无四肢的蜥蜴。如果单从外形上看，人们肯定会认为蛇蜥是一种蛇，而事实上它却是一种蜥蜴。在漫长的进化过程中，这类蜥蜴逐渐失去了四肢，但却仍保很多与蛇类不同的地方。例如，蛇蜥有具有可闭合的眼睑，而蛇没有；蛇蜥有外耳孔，蛇没有的；蛇蜥遇到危险时可以断尾逃生，而蛇不会。

蛇蜥生活在欧洲、北非和西亚清凉而湿润的山林地区，它们的体长可达0.5米，主要利用自己的长舌头捕食蚯蚓、蛞蝓等无脊椎动物。

蛇蜥。

为什么说毒蛇的牙齿是致命的武器？

毒蛇口中两颗锋利带钩的长牙是它们高效的致命武器。这两颗牙平时是折叠地伏在毒蛇口内，而当有需要时它们就可以猛然立起并深深刺入猎物身体，随即将可怕的毒液注入对方体内。这些毒液的毒性之大，足以杀死包括人类在内的大型哺乳动物。

欧洲蝮蛇（*Vipera aspis*）就是一种随身携带致命武器的毒蛇，它们广泛分布在地中海沿岸的欧洲地区、中亚和东亚。它们的体长一般不会超过1米，身体粗壮并覆盖有粗糙的鳞片，尾巴小而细，头部却很大。呈三角形。欧洲蝮蛇看上去与著名的响尾蛇十分相似，而事

上图：欧洲蝮蛇；中图：毒蛇锋利的毒牙。

分类学知识

蛇类有什么特点？

滑蛇。

蛇这类爬行动物，有着细长而滚圆的身体，全身覆盖着鳞片，四肢已经退化消失。它们嘴巴部位的骨骼结构很特别，可以毫无障碍地，在不加咀嚼的情况下吞下很大体积的猎物。它们分叉的舌头是一种高效的感觉器官。蛇的舌头可以迅速地在口腔中进出，充分接触外界空气，从而精确地感知附近气味的变化。许多种蛇类的第一对上牙都非常发达，并与毒腺连接，成为致命武器。蛇类都是肉食动物，它们捕猎的方式或是以毒牙毒杀猎物，或是用强壮的身体勒死对手。之后，蛇会将猎物整个吞下肚子，其后的消化过程会很长，在这期间蛇会保持不动，处于一种呆立的麻木状态。在寒冷的季节，蛇一般都会冬眠。

实上它们也的确是近亲。欧洲蝮蛇的体色为深灰色并有黑色的纹路，这使它们非常容易在岩石地面上隐蔽。事实上，它们会在这种地面上一动不动，等待猎物，特别是当啮齿类动物从附近走过时，对它们立即发起攻击。

如果被蛇咬到该怎么办?

首先大家不必对此过于担心。随着城市的不断扩大，人们被毒蛇咬到的可能性已经微乎其微了。

如果真的不幸身边有人被蛇咬到，也不要惊慌。首先，我们应叫被咬者平躺，将他身上的手表、戒指、手镯等饰物取下，以防止水肿出现后无法摘下。然后用清水清洗伤口，用有一定宽度的绷带从四肢根部开始层层捆绑直至伤口上方。尽快将伤者送往最近的医疗机构寻求专业救治，期间尽量将伤者身体固定，不发生移动。

为什么水游蛇有时会臭得令人作呕?

水游蛇（*Natrix natrix*）是一种常见的无毒蛇，它们的体长有时可以达到2米，广泛分布在欧洲、北非和亚洲的丛林和乡间，特别是在沼泽、水塘和河流中。它们除捕食无脊椎动物外，更是利用自身出色的游泳能力，捕捉水中的两栖类和小鱼为食。当受到外界威胁时，水游蛇会释放出一种液体，散发出强烈的恶臭，以吓跑对手。如果还不能奏效，它会停在地上一动不动，嘴巴张开，将舌头吐在外边，看上去就像是死了一样。

水游蛇。

为什么眼镜蛇非常容易辨认？

眼镜蛇是具有剧毒的蛇类之一，它主要分布在南亚地区。它的外形特征明显，一般人很容易将它与其他蛇类区分开。眼镜蛇最明显的特征是其颈部有一个明显的皮褶。当眼镜蛇受到威胁时，它会将身体前段1/3 竖起，使颈部皮褶两侧膨胀，看上去好似戴了一顶套头帽一样。印度眼镜蛇（*Naja naja*）体长可以达到1.5米，头呈椭圆形，颈部背面有白色眼镜架状斑纹。当它被激怒时，背部的眼镜圈纹会愈加明显。相比之下，眼镜王蛇（*Ophiophagus hannah*）则是全球最大型的毒蛇，体长可以超过5米。

为什么有些无毒蛇从外形上看好像有毒的珊瑚蛇？

黄金珊瑚蛇（*Micrurus fulvius*）是一种分布在美国和墨西哥的毒蛇，它以致命的毒牙为武器捕食蜥蜴、两栖类、鱼类和鸟类。但有意思的是，它从外形上非常容易和另一种毒性较小的巴西丛林蛇（*Oxyrhopus trigeminus*）相混，这样可以欺骗那些对毒蛇有一定识别能力的猎手。同样的，无毒的环纹棱吻蛇（*Simophis rhinostoma*）和珊瑚蛇也很像，这对环纹棱吻蛇是有好处的。

左图：处于攻击状态的眼镜王蛇；上图：黄金珊瑚蛇（大）和与之相似的巴西丛林蛇（小）。

响尾蛇因何而得名？

响尾蛇属蝮蛇科，现存约有50种响尾蛇及多个亚种，属于管牙类毒蛇，均为卵胎生，主要分布于南、北美洲。响尾蛇典型特征是尾部的响环，像一串干燥的中空串珠，当遇到敌人或剧烈活动时，它会迅速摆动响环，发出嘶嘶的声音，警告敌人不要靠近它。正因如此，才被人们称为响尾蛇。刚孵出的幼响尾蛇尾部只有一个响环，响环会随着一次又一次的脱皮慢慢增加，响环越长串发出的声音也就越大。

毫无疑问，西部菱斑响尾蛇（*Crotalus atrox*）是蝮蛇科毒蛇中最有名气的一种，主要分布在美国和墨西哥间的荒漠地区，体长可以达到2米，毒性很强。它的猎物包括小型哺乳动物、鸟类和蜥蜴。

为什么说网纹蟒是世界上最大的蛇类？

网纹蟒（*Python reticulatus*）体长可达10米，体重超过200千克。印度尼西亚曾捉获长14.85米，重447千克的网纹蟒。网纹蟒的身体呈流线型，粗壮而有力，覆盖着光滑的鳞片，这使它具有沿树干攀爬而上的能力。它们主要分布在东南亚地区，在夜间活动，捕食两栖动物、蜥蜴、鸟类和羚羊等大型哺乳动物。

生活在非洲中部的非洲岩蟒（*Python sebae*），体长可达7米，体重约120千克。和其亚洲表亲一样，它们也是在夜间活动，捕食的方式是用强有力的身体缠住对手，将其勒死后再吞下肚中。

使用同样方法捕食的还有生活在加勒比和中南美洲的巨蚺（*Boa constrictor*），它们一般在日间活动，体长可达4米。此外还有在南美热带地区活动的绿森蚺（*Eunectes murinus*），它的体长可达8米。

上图：响尾蛇；下图：球蟒。

龟鳖目

为什么说欧洲池龟是龟鳖目中最长寿的物种之一？

欧洲池龟（*Emys orbicularis*）的平均寿命大约为40岁，而实际生活中能活到将近百岁的个体并不少见。已知寿命最长的一只欧洲池龟是在法国南部的一个植物园中被发现的，寿命达到了120岁。

欧洲池龟广泛分布在几乎整个欧洲地区，而在地中海地区最为普遍，在西亚地区也有分布。它们体长大约为20厘米，背甲光滑并与腹甲紧密连接，当它缩回壳中时，甲壳几乎是完全密封的。正如同它的名字一样，欧洲池龟主要生活在水塘和湖泊中。但在雄性池龟求偶时期或雌性池龟寻找适合产卵地点时，它们可能会在离开水域的几千米外活动。

欧洲池龟是一种肉食动物，主要利用强壮的上下颚去攻击猎物，捕食两栖类、鱼类、软体动物和其他小动物。它们从春季活跃到秋季，而冬季则躲藏在自己挖掘好的隐蔽所中，处于半冬眠的状态。

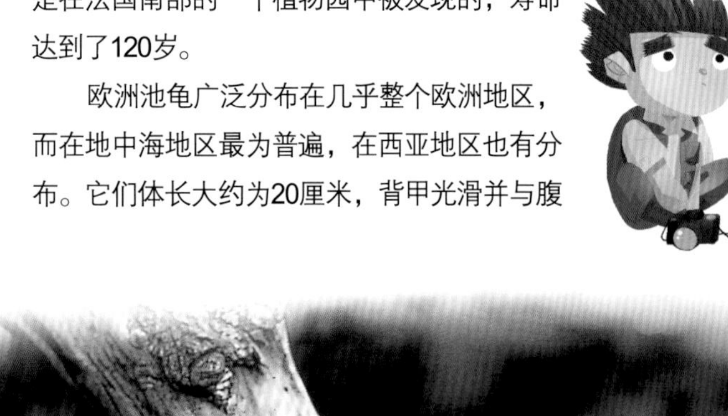

欧洲池龟。

分类学知识

龟鳖目动物有什么特点?

大约有300多种动物可以被归入龟鳖目，事实上这一目的动物都可以被称为活化石。因为研究表明，现存龟鳖目动物是大约2亿年前同类动物的直系后代，而且外形与它们的祖先非常相似。

龟鳖目爬行动物在世界上的分布非常广泛，除了寒带地区以外，到处都可以看到它们的身影。它们中既有肉食动物也有草食动物，最明显的特征是身体被一个近似圆形的坚硬甲壳所保护，这个壳一般被称为龟甲。一般来讲，龟甲都非常坚硬，但是也有一些海生的龟鳖目动物为了能在海底的岩石缝隙间穿行，甲壳较软如同皮革。还有一些种类的海龟，腹甲不固定，可以为保持甲壳的整体密封性而左右移动。

2012年在加拉帕戈斯失踪的大象龟乔治。

为什么说龟类的方向感超强?

美国北卡罗来纳大学研究人员的一项研究发现，海龟在长途迁徙中能保持方向感，是因为它们能感受地磁场的细微变化。它们不但对纬度，而且也能对经度作出准确判断。

如果拿一只赫曼陆龟（*Testudo hermanni*）做实验，我们会发现它和大多数龟鳖目动物一样，具有超强的方向感。我们可以把它带到一个距离它日常活动区域很远的地方，但它只需要花很短的时间就会准确地找到回家的路。

赫曼陆龟一般体长为15～30厘米，主要生活在东南欧植被茂密的地区以及地中海的岛屿上。它们的龟甲接近黄色，但随着年龄增长而逐渐变暗，直到成为烟褐色。它们是一种日间活动的食草动物，在寒冷的冬季会躲藏在洞穴中冬眠。

赫曼陆龟。

为什么触摸卡罗莱纳箱龟时一定要小心？

这是因为你的手指很可能会在它缩回龟甲内的一瞬间被甲壳夹到。一只成年的卡罗莱纳箱龟体（*Terrapene carolina*）长约20厘米，背甲较高，边缘外翻，中央有一条脊棱。它的腹甲呈淡黄色，每一块盾片上均有黑色斑块。胸腹盾间有韧带连接，在龟缩回甲壳内时可完全闭合。卡罗莱纳箱龟生活在开阔的林地、沼泽草甸、河漫滩平原及灌木丛生的草原地带，主要分布在美国中东部和墨西哥北部地区。

卡罗莱纳箱龟一生中的很长时间会把自己埋藏在泥土中，而温暖的夏季是它的主要活动时间。

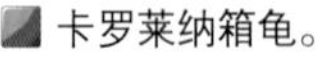
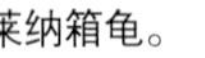
卡罗莱纳箱龟。

为什么棱皮龟又叫“诗琴龟”？

棱皮龟（*Dermochelys coriacea*）是世界上最大的龟鳖目爬行动物，它的身长可以达到2米以上，体重近800千克。因为棱皮龟的壳和头部并无角质板，而是由革质皮肤包裹，背甲的骨质壳由数百个大小不整齐的多边形小骨板镶嵌而成，其中最大的骨板形成7条规则的纵行棱起。这些纵棱在身体后端延伸为一个尖形的臀部，看上去很像中世纪的一种古乐器——诗琴，因此而得名诗琴龟。皮龟生活在热带、亚热带和温带的海洋中，主要以小鱼和无脊椎动物为食，特别是它能猎食水母。它的嘴里没有牙齿，但是在食道内壁却有着大而锐利的角质皮刺，可以磨碎食物，然后再使食物进入胃、肠进行消化吸收。

生命的秘密

龟壳到底是什么东西？

事实上，绝大部分龟鳖类用于保护自身的龟壳，是由50多块角质盾片拼接组成的，它们覆盖在动物皮肤的上层并与其真正的骨骼相连。龟壳一般又可以分为上下两部分，上层为拱起的背甲，较为坚硬，下层为扁平的腹甲，相对柔软。背甲和腹甲的连接部分叫作甲桥。

龟鳖目动物的头部、尾部和四肢在必要时都可以缩进龟壳中，从而抵御掠食者的进攻。

沉重的龟壳，短而粗的四肢，造成陆龟们的行动都很迟缓。而那些海生的龟鳖类则可以快速游动，这得益于它们桨形的，甚至已经完全鳍化的爪子，以及相对轻巧的龟壳。

 绿海龟。

为什么说大鳄龟是极有耐性的猎手?

大鳄龟（*Macrochelys temminckii*）的食物主要是无脊椎动物、两栖类和鱼类，但它有时也捕食蛇类和其他龟类。它捕食的方式非常有趣：它会静静地潜伏在浅水中，身上覆盖着藻类并张开着嘴巴。它的舌上长有一个鲜红色且分叉的蠕虫状肉突，会不停地扭动，使那些贪吃的猎物自己游进它的口中，然后大鳄龟就会猛地一口把猎物咬住。大鳄龟分布在美国的中南部，是已知最大的淡水龟类。它们体长一般在70厘米左右，体重80千克。它的体貌体征包括长长的尾巴，粗壮的头部和背甲上的三条棱线，体色以褐色为主，偶尔也有橄榄绿色或灰色。

海龟是如何产卵的?

海龟是一种非常适应海洋生活的爬行动物，它的四肢已经完全进化成了鳍状，一般仅在繁殖季节离水上岸。雌龟将卵产在掘于沙滩的洞穴中。海龟们是在海中完成交配的。交配后，雌性海龟一般会返回自己当初诞生的海滩，将卵产在自己挖好的坑中并用沙子掩埋好。在那里，太阳光所提供的能量将帮助海龟胚胎孵化，大约经过两个月时间，小海龟就会破壳而出并很快游回海中。以比较常见的蠵龟（*Caretta caretta*）为例，它的体长一般可以达到1米，在热带、亚热带和温带海域都有分布，在水中的游速可以达到每小时35千米，并可潜入很深的海底捕捉无脊椎动物。

鳄 目

上图：短吻鳄；下图：尼罗鳄。

 为什么说尼罗鳄分布很广？

鳄科动物分布在非洲、马达加斯加、新几内亚和北澳大利亚。鳄科动物与其他种类鳄鱼最明显的外形区别在于，它的鼻子非常狭窄且呈锥形。

鳄科中最为常见的一员当属尼罗鳄（*Crocodylus nilotiicus*），它们广泛分布在除了缺水的荒漠外的整个非洲地区。它们适应不同环境的能力很强，不仅可以在淡水中谋生，甚至可以到浅海中去追击猎物。它是一种强劲、迅捷且特别善于伪装的猎手，主要捕食鱼类，但也会攻击其他爬行动物、鸟类甚至哺乳动物。尼罗鳄的体长一般为5~6米，重约1000千克。

尼罗鳄一般成群活动，但在交配季节，雄性尼罗鳄会表现出强烈的领地意识并会因此引发它们之间的血腥厮杀。

 鼍科、鳄科及凯门鳄之间有什么区别？

鼍科又称为短吻鳄科，在外形上与鳄科最大的区别在于嘴部更为宽大扁平。鼍科动物主要分布在中美洲，在中国也有分布，即扬子鳄（*Alligator sinensis*）。它们中体型最大的是美洲短吻鳄（*Alligator mississrppinsis*），又称密西西比鳄，体长可达5米，主要分布在美国东南部的沼泽、河流和湖泊中。与之相对，在南美洲我们会发现另一类鳄鱼，叫作凯门鳄，它们也属于短吻鳄科。其体型一般比北美短吻鳄要小，但有一种黑凯门鳄（*Melanosuchus niger*）除外，它的体长可达6米，是亚马孙地区最大的掠食者之一，能攻击大型哺乳动物。

分类学知识

鳄目包括哪些动物？

鳄目大约包括近20多种体型各异的爬行动物，它们分布在东西半球几乎所有的温暖区域。如同龟鳖目动物一样，它们的体形特征也与2亿年前的祖先变化不大。它们身体细长，背部覆盖有角质鳞片或骨板，有带爪的四肢，一条长而有力的尾巴。它们的外耳孔有活瓣可以开闭，在冷血脊椎动物中显得十分独特。同样，它们的循环系统比鱼类、两栖动物和其他爬行动物都要复杂得多，与鸟类和哺乳动物十分接近。这一目的成员都是肉食动物，主要猎杀其他爬行动物、鱼类、两栖动物和鸟类为食，甚至会攻击大型哺乳动物。一般情况下，它们在夜间活动，在浅水地区捕猎。而在白天，它们则隐藏在河流、湖泊、沼泽或是海岸边。由于它们的鼻孔位于鼻尖的上方，因此它们可以在水面潜行而不被猎物发现。

在河边晒太阳的凯门鳄。

为什么长吻鳄很容易辨别？

长吻鳄科仅包含1属1种，即长吻鳄（*Gavilis gangeticus*），也叫恒河鳄或印度鳄，主要生活在印度北部和缅甸。从外形上看，长吻鳄特征明显，有一个非常长而细的嘴巴，牙齿缝间隔明确。它的长嘴和尖牙是一件有力的武器，足以捕捉鱼类和水鸟。在嘴部的顶端，有一个球根状的器官，雄鳄用它来发出响声，以吸引雌鳄。

长吻鳄体长可达7米，它们的绝大部分时间都在河流或沼泽的水中度过，和其他鳄类不同，它们在陆地上的行动能力很差。

长吻鳄。

爬行动物是如何繁殖的

除极个别的例子外，爬行动物也和所有的陆生脊椎动物一样，是通过雌雄两性个体交配并在体内完成受精的。在大多数情况下，它们是卵生动物，即雌性会将卵产在体外。它们中的一些种类，会一次性在地下的巢穴中产下很多的卵，并通过阳光来孵化。而另一些种类则会专心修建条件良好的巢穴，在其中产少量的卵并精心孵化。

父母关爱下的小鳄鱼

鳄鱼一般会在旱季进行繁殖，而它们的卵会在下一个雨季完成孵化。小鳄鱼破壳而出后会在父母的保护下生活几周，以防被掠食者攻击，直到表皮变硬到足以起到保护作用为止。在这期间，我们往往会看到，雌鳄把幼鳄轻轻地叼在口里，慢慢地放在水中。

海龟的出生大冒险

无论是海龟还是陆龟，基本上都是把卵产在地下就完全不管了。因此，每只海龟的出生都是一次九死一生的冒险，它们不仅要以最快的速度找到食物，而且还要赶紧逃离掠食者的视线。

没有雄性的蜥蜴

无性繁殖对于单细胞生物来说是很正常的情况，而对于多细胞动物来说就很少见了。但有一种生活在美国沙漠地区的鞭毛蜥（*Cnemidophorus uniparens*）却是特例。它们都是雌性，但在同性之间可以模拟两性交配繁殖。当然，这样产生的新个体也就都是雌性的。

毒蛇的诞生

三分之二的蛇是卵生的，它们会将卵产在那些温度和湿度适宜的地方自然孵化。但也有一些毒蛇是卵胎生的，雌蛇会将卵留在体内直到孵化完成，刚出生的小蛇就已经可以独立生活了。

鸟 类

世界上大约有1万种卵生、喙形口、有翅膀和羽毛的脊椎动物被归入鸟纲。就如同我们已经研究过的两栖纲和爬行纲动物一样，鸟纲尽管有很多的目和纷繁的种类，但它们彼此间在身体结构上有着明显的相似性。当然，在体型大小、外貌区别和生活习性上，鸟纲动物之间的差异也是巨大的。只要想象一下小小的蜂鸟和壮硕的鸵鸟，或者大多数都会飞的鸟类和在地上奔跑、在水中游动的鸟类，就更加一目了然了。正是这种千差万别的特性，使鸟类得以适应各种生活环境。从冰天雪地的北极到炎热的赤道，这种起源于1.5亿年前的动物，如今已经遍布地球的每个角落。

进食的秘密

为什么鹈鹕有鸟类中最长的嘴巴?

共有7种大型水鸟被划归鹈鹕科，它们最重要的共同特征是有一个长长的嘴巴，嘴巴下还有一个下嘴壳与皮肤相连接形成的大皮囊，可以自由伸缩，称为喉囊。这个皮囊的容积可以达到12升，是一个非常有效的捕鱼工具。如果成群的鹈鹕发现鱼群，它们便会排成直线或半圆形进行包抄，把鱼群赶向河岸水浅的地方，然后就张开大嘴，凫水前进，连鱼带水收入囊中，再闭上嘴巴，收缩喉囊把水挤出来，将鲜美的鱼儿吞入腹中，美餐一顿。

在各种鹈鹕中，澳洲鹈鹕（*Pelecanus conspicillatus*）的嘴最长，长度可以超过50厘米。

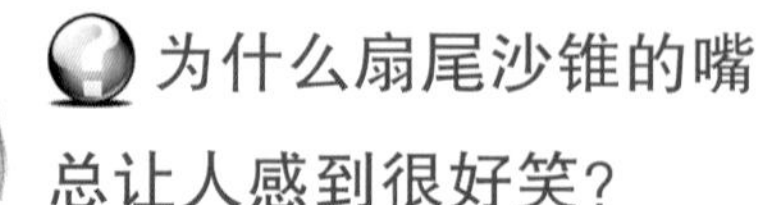

为什么扇尾沙锥的嘴总让人感到很好笑?

扇尾沙锥（*Capella gallinago*）是一种生活在沼泽环境下的小鸟，它不以草籽和水果为食，而主要捕食蠕虫、甲壳类、昆虫和软体动物。它有一个相对于身体来说显得“有点长”的嘴，捕食时扇尾沙锥会有节奏地用嘴在泥地里插来插去，见到猎物就吞下肚，头也不抬，样子有时看着很可笑。

这种小鸟体长在30厘米左右，体重250克，广泛分布在除澳大利亚以外的各个大洲上。

为什么鹦鹉都有一张粗大的嘴?

鹦鹉科是一个庞大的家族，包括多个不同的种类。这一科特征明显，都有华丽的羽毛，能模仿声音，甚至学人说话。

而最惹人注目的是它们都有一个粗壮的弧形嘴巴，鹦鹉们用它来夹碎坚硬的种子或水果的外壳。对于像鹦鹉这样的小鸟来说，它的嘴巴实在是太重了一点，但实际上它的嘴巴还可以发挥第三只爪子的作用，可以帮助它们在树木间攀爬。

鹦鹉中体型最大、颜色最艳丽的要数金刚

上图：犀鸟有着向下的大嘴巴；左图：一群白色的大嘴鹈鹕。

鹦鹉了，它们生活在美洲的热带地区，从墨西哥南部直到巴拉圭。

为什么说戴胜进食的方式很奇怪?

戴胜科鸟类以昆虫、蜘蛛、蠕虫和刚出壳的幼虫为食。它们在将猎物吞下肚之前会先去掉它的头、翅膀和足，并把猎物狠狠摔在地上。然后，戴胜把猎物抛到空中，任由其掉进它的喉咙里并吃下去。戴胜会有这种古怪的食性，主要是因为它的嘴比较细小而舌头太短，无法将未经处理的猎物整体吃下。戴胜（*Upupa epops*）体长一般在30厘米左右，生活在亚洲、欧洲和北非，在中国有广泛分布。

上图：美丽的金刚鹦鹉；
中图：戴胜的嘴细而弯曲。

好奇心

通过哪些蛛丝马迹能判断出鸟的食性?

判断一只鸟的生活习性，最有效的方法就是观察它嘴的形状。大多数情况下，鸟的嘴又称为喙，它由上下颚生出的两片或更多角质板构成的。喙的颜色差异很大，这不仅由于鸟的种类不同，更取决于鸟的性别、所处的季节等诸多因素。以麻雀为例，它的喙的形状和大小非常适合杂食的食性。燕子类飞鸟的喙短而宽，非常适合捕捉在空中飞行的昆虫。水禽的喙细而长，适合在河底捕食软体动物和甲壳类动物。猛禽的喙粗壮而弯曲，内有特殊的齿突，适合撕碎猎物的骨骼和身体。而鸭子的喙很宽，适合从在水中滤食或捕捉贝类和软体动物。

老鹰的喙很锋利。

一只身高130厘米的蛇鹫正在地面上徘徊，寻找猎物。

蛇鹫的名字因何而来?

蛇鹫（*Sagittarius serpentarius*）非常善于捕食爬行动物，甚至是毒蛇。蛇鹫又被称为秘书鸟，因为它头上有20根黑色冠羽，貌似过去西方耳后带着羽笔的文书，是一种居住在撒哈拉沙漠以南草原地区的特有猛禽。

蛇鹫身高一般在130厘米左右，两只爪子长而有力，可以以迅捷的速度猛击猎物的背部，将其压住并杀死。如果这种情况下猎物还没有毙命，它的长腿也有利于立即退到安全距离之外寻找新的战机。

为什么啄木鸟总是待在树干上?

啄木鸟广泛分布在全世界除澳大利亚和马达加斯加以外的所有森林地区。无论哪种啄木鸟都有尖锐而弯曲的爪子，可以牢牢地固定在树干的侧面。它们还有坚硬如同凿子一样的嘴，可以很方便地在树干凿孔。它们的嘴部又长又直，里边还有长长的舌头，舌头上有黏液，非常适合捕食木头中的昆虫和幼虫。

啄木鸟一般在天然的树洞里筑巢，或自己在树干上啄出洞穴居住。

为什么乌鸫在雨后很活跃?

乌鸫（*Turdus merula*）有时会吃种子和水果，但它主要还是以捕捉地上的昆虫、蠕虫和蜘蛛为食，这与很多其他小型鸟类是一样的。每当一场大雨过后，地面会变得非常松软，许多小型的无脊椎动物都会露出地面，所以此时也是乌鸫活动最活跃的时间。

乌鸫属雀形目、鸫科，主要分布在北非、欧洲和亚洲各地的田野乡间，也常见于城市的绿地中。

中图：乌鸫；左图：一只正在寻找昆虫的啄木鸟。

为什么红嘴鸥和鸽子数量如此众多?

因为这两种鸟类都是杂食性鸟类，并且已经完全适应和人类一起共同生活。这样的习性保证它们可以从人类的生活垃圾中获得取之不尽的食物，并且可以获得安全稳定的居所。有了这两重保障，使得它们的种群非常繁盛。

红嘴鸥（*Larus ridibundus*）俗称“水鸽子”，体长大约有40厘米，翼展（张开双翼的长度）可达90厘米。而原鸽（*Columba livia*）体长约35厘米，翼展为65厘米。这两种动物分布广泛，遍及除南极以外的所有大陆。

上图：一群在木屋边做窝的红嘴鸥；下图：猫头鹰。

什么是食团?

很多猛禽会把它们消化的猎物残骸，如骨头、皮毛、鱼刺和甲壳在消化道里积存成小团，然后再吐出来。它们吐出的这些丸状物就被叫作食团，又称唾余。

生命的秘密

鸟类们主要吃什么?

鸟类的食谱是非常宽泛的，而且很少有某种鸟会只吃单一的食物。鸟类的主要食物包括：种子、水果、昆虫、小型陆生动物、腐肉、鱼类和软体动物。鸟类每天为生存所吃的食量与它们的体型没有直接关系，很多小型鸟类的食量远大于体型更大的鸟类。这是因为身体小的鸟更活跃好动，需要更多的能量。而在在寒冷的气候下，小鸟的身体更容易降温，因此为了保持体温也需要捕食更多的食物。

鸟类的食性不仅取决于它们的嘴形，也和舌头息息相关。吃花蜜或花中昆虫的鸟类，舌头都很长，上边会有皱褶或细毛，以便能把食物卷入口中。那些把猎物整个吞下肚的鸟类，一般嘴都比较短，内部也没有齿突，但它们的胃往往很有力，被称为胗，其内壁有一层角质膜，主要用于将食物磨碎。

为什么金雕的目光如此敏锐?

金雕（*Aquila chrysaetos*）是一种日间活动的猛禽，它们体长大约有80厘米，翼展可达2米。这是一种目光锐利的鸟类，可以在很远的距离就定位那些躲藏在树林间的爬行类和哺乳类猎物。

事实上，金雕的视力是人类视力的8倍，视野也宽阔得多。在发现猎物后，金雕会从高空以迅雷不及掩耳之势从天而降，在最后一刹那翅膀的扇动戛然而止，牢牢地抓住猎物的头部，将利爪戳进猎物的头骨，用锋利的钩形嘴啄击，从而一击致命。金雕广泛分布在北半球，主要在高山之巅做窝。

左图：一只金雕正威风凛凛地巡视着四周；上图：一只栖息在城市边缘的纵纹腹小鸮。

为什么纵纹腹小鸮的脖子如此灵活?

纵纹腹小鸮（*Athene noctua*）有一双锐利非凡的黄色大眼睛，使它即使在严重缺乏光线的黑暗环境中也能准确辨别出猎物。事实上，这种夜间活动的猛禽不仅依靠超强的视力发现猎物，它的脖子也非常灵活，转向角度可以达到270度，使它可以有效地监听周围细小的声音，发现那些它爱吃的爬行动物、两栖动物、小型鸟类和哺乳类动物。

纵纹腹小鸮体长一般在20厘米左右，翼展约半米长，栖息在欧洲、北非和亚洲的森林和树丛间，在中国仅分布于四川某些地区。

生命的秘密

鸟类的什么感官最发达?

对于鸟类来说，它们最发达的感官是视力和听觉，相比之下，它们的味觉、嗅觉和触觉要差得多。鸟类的眼睛具有和我们哺乳动物眼睛相同的结构，但视力却要好得多。它们的眼睛对颜色更加敏感，视野比我们更为广阔，对生物体形的判断也更为准确。比如，鸵鸟的眼球比一个成年人的眼球大5倍。当然，一些夜行的鸟类的视觉对颜色缺乏判断，且视力会因阳光而衰弱。鸟类的耳朵比哺乳动物的要简单，除个别在白昼活动的猛禽外，大多数鸟类没有外耳部分。但它们的听力同样发达，特别是那些夜行的猛禽，它们甚至可以依靠听觉在黑暗中确定猎物的位置。

飞翔的鸿雁。

为什么蜂虎能捕食黄蜂而不被蜇伤呢?

这是因为蜂虎在吞吃黄蜂或蜜蜂前，会先用坚硬的嘴去摩擦猎物，将它的毒刺去除。

以黄喉蜂虎（*Merops apiaster*）为例，它们的体长一般为30厘米，羽毛颜色十分艳丽，在空中高速飞行捕猎时，构成了一道美丽的风景。这种鸟类主要分布在非洲、欧洲和西亚。

三只正在捕食的黄喉蜂虎。

为什么黑额伯劳会把猎物摆放在一边?

伯劳是重要的食虫鸟类，其主要特点是嘴形大而强，上嘴前端有钩和缺刻，略似鹰嘴。翅膀短圆，通常呈凸尾状。脚强健，趾有利钩。性凶猛，喜吃小形兽类、鸟类、蜥蜴、各种昆虫及其他活的动物。它们大都栖息在丘陵开阔的林地。

黑额伯劳（*Lanius minor* ）也叫小伯劳，是伯劳属的一种小型鸟类。它的生活习性有些特殊。因为它的嘴比较小，不能一口就将那些体积稍大的昆虫、爬行动物或啮齿类动物吞下肚去，于是它就会将猎物挂在植物的枝头或离巢不远的树刺上，把那里当成一个临时的食物储藏库，等有需要时再慢慢享用。黑额伯劳体长约20厘米，分布在南欧和中西亚。

飞与不飞是个问题

上图：游隼；下图：展翅翱翔的安第斯神鹫。

为什么安第斯神鹫被誉为世界上最大的飞禽？

安第斯神鹫（*Vultur gryphus*）这种巨大鸟类的翼展可以达到3米，虽稍小于信天翁的翼展，但它的体重更重，可以达到12千克。

正如其名，安第斯神鹫生活在南美安第斯山脉的高峰之间，它们非常善于翱翔，能借助山间的上升气流升高，悄无声息地飞越沟壑大川，直到找到其他动物的死尸和腐肉为食。和很多其他食腐动物一样，安第斯神鹫的脖子很长且头部无毛，这主要是为了避免它们在撕碎猎物或掏食猎物内脏时弄脏自己的羽毛。

为什么说游隼不仅是鸟类中，也是所有动物中飞得最快的？

游隼（*Falco peregrinus*）在向下俯冲时，会将翅膀闭紧或尽最大努力减小空气阻力，这样它的飞行速度可以超过每小时350千米。据一份观察记录报告称，一只游隼在追击另一只飞鸟时曾飞出了每小时389千米的高速。在它高速俯冲的末期，游隼并不像其他鹰那样将猎物抓住，而是用尖锐的利爪将猎物打晕或直接将其撞倒在地，之后再用它尖利的嘴将对方杀死。

游隼属隼形目、隼科的中型猛禽，主要栖息于山地、丘陵、半荒漠、沼泽与湖泊沿岸地带，也到开阔的农田、耕地和村屯附近活动。在世界各地均有分布，它们体长近60厘米，而翼展超过1米。

为什么家燕总爱飞之字形?

为了捕捉苍蝇、蚊子和蜻蜓，家燕（*Hirundo rustica*）总喜欢在飞行时突然加速和毫无预兆地转向，看起来好像在飞之字形。

家燕属雀形目、燕科鸟类，体态轻捷伶俐，两翅狭长，飞行时好像镰刀，尾分叉x像象剪子。家燕是一种很常见的鸟类，巢多置于人类房舍内外墙壁上、屋椽下或横梁上，广泛存在于北半球的城市和乡村。它们身体细长，约15厘米。它们的翅膀呈拱形并且很尖，尾巴分叉，在飞行时就像船舵一样。

作为一种候鸟，家燕冬季去南方过冬，春季再返回北方繁殖。

停在树梢上休息的家燕。

一只鸟身上有多少根羽毛?

不同体形的鸟类羽毛数差异很大，一只天鹅的身上大约有25000根羽毛，而一只蜂鸟身上的羽毛有上千根。事实上，无论体型大小，鸟类的羽毛重量都占其体重的很大一部分。

生命如何运转

鸟类有哪些有利于飞行的解剖特征?

绝大多数鸟类的骨骼都是中空的，没有骨髓，因此就比两栖类、爬行类和哺乳类动物的骨骼轻得多。同时，鸟类体内也有一系列小的“骨梁”，为其身体提供足够的支撑。鸟类的前肢已经特化为翅膀，通过强健有力的肌肉和船底形的胸骨及背骨相连接。鸟的翅膀上有粗大的羽毛覆盖，这些羽毛被称为正羽，而正羽之上还覆盖着小一些的覆羽。正羽由角质蛋白组成，和我们人类的头发及指甲类似。每根正羽中间有一个轴，叫作羽轴，羽轴两侧斜生出许多并行的羽枝，各羽枝两侧再分出排列整齐的羽小枝。羽枝远侧的1列羽小枝具有许多羽纤支，其尖端有细钩，与羽枝近侧的羽小枝连接，组成扁平而有弹性的羽枝，以扇动空气和保护身体。

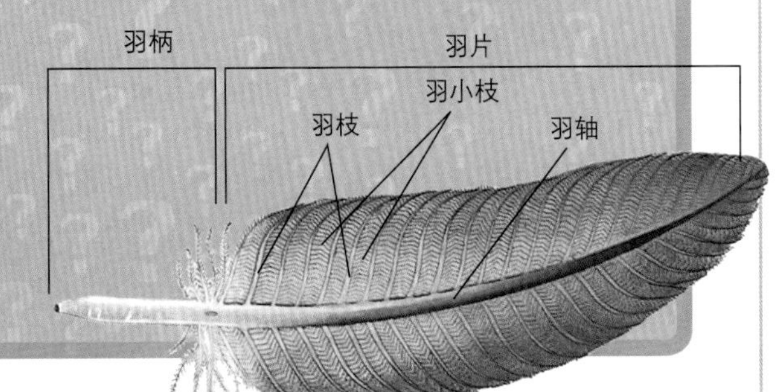

欧绒鸭行得有多快?

和某些鸟类利用俯冲达到超高速不同，欧绒鸭（*Somateria mollissima*）在水平飞行速度方面非常卓越，曾飞出过平均每小时80千米的平飞速度，是平均飞行速度最快的鸟之一。

欧绒鸭是一种胖乎乎的海生鸭类，体长约70厘米，分布在北美、欧洲和东西伯利亚的北部海岸。它们主要通过潜入冰冷的海水中捕食甲壳类、软体动物和小鱼为生。

为什么说黑白兀鹫是世界上飞得最高的鸟?

黑白兀鹫（*Gyps rueppellii*）的血液成分非常特殊，它在空气稀薄的高空仍能保证体内的供氧，因此这种鸟一般情况下可以飞到6000米的高度。而一份来自科特迪瓦的报告称，一架当地飞机曾在11300米的高度发现过一只飞翔的黑白兀鹫。所以，黑白兀鹫无疑是飞得最高的鸟。

黑白兀鹫为鹫隼形目、鹰科猛禽，体长约1米，体重约8千克，翼展可达2.6米，是高度社交的鸟类，会组成大群生活。它们一般利用热上升气流在高空翱翔，用锐利的眼睛寻找地面的动物尸体并以腐肉为食。黑白兀鹫主要分布在非洲中南部地区。

上图：黑白兀鹫；下图：飞行中的欧绒鸭。

羽毛有什么作用?

羽毛轻盈、柔软，同时又粗壮有力，对于飞行自然是不可或缺的。除此以外，羽毛还有许多别的用途，包括能有效地保持鸟类的体温。因此许多鸟类会拿出相当多的时间，来认真梳理自己的羽毛。

蜂鸟为什么可以悬停在空中?

蜂鸟是蜂鸟科鸟类的统称，约有300种，它们主要分布在中南美洲。所有这些小鸟的进食方式，都是通过它们尖细的嘴从花心中吸食花蜜。蜂鸟飞行时，翅膀的振动频率非常快，使它们可以悬停在花儿附近的空中。这种高速的振翅会产生嗡嗡的声音，所以蜂鸟又被叫作苍蝇鸟。蜂鸟体长一般仅为1～2厘米，而最大型的巨蜂鸟（*Patagona gigas*）可达20厘米长。

上图：在空中悬停的蜂鸟；中图：一对洪堡企鹅。

企鹅为什么不会飞?

企鹅目包括了近20种不同的游禽，它们都是不会飞的鸟类。这主要是因为它们在经过漫长的进化后，骨架变得非常沉重，翅膀已经异化为鳍的样子，羽毛已经演变得厚而防水，非常适合极寒条件下的保暖，所以企鹅就只能与飞行无缘了。多数企鹅生活在南极地区，但南半球亚热带甚至赤道附近也有分布。企鹅是游泳高手，可以在水中下潜超过30分钟，游速达到每小时30千米，主要以小鱼、甲壳类和软体动物为食。

生命的秘密

鸟的翅膀为什么会是现在这个样子?

翅膀和尾巴的大小及形状决定了鸟类的起飞能力、推力的大小，以及在空中的敏捷程度。就如同战斗机一样，鹰的翅膀窄而尖，像箭头的形状，有利于在空中突然改变方向。而其他猛禽，比如松雀鹰，翅膀宽大且尾巴很长，保证了很好的加速性和在空中的迅捷程度，使它们可以在树林间突然对猎物发起攻击。更大的掠食者，比如兀鹫和猎鹰，它们的翅膀非常巨大，可以有效地利用上升气流翱翔，最大限度地节省体力。绿头鸭在飞到空中后，会以一种相对慢的频率扇动翅膀，以保持一个连贯的速度。而蜂鸟振动翅膀的速度却非常快，可以又快又准地控制自身的飞行姿态。

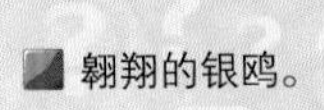

翱翔的银鸥。

为什么鸵鸟再也飞不上天了?

非洲鸵鸟(*Struthio comelus*)的身高可以达到2.5米，是现存最大型的鸟类。鸵鸟长着像蛇一样细长的脖颈，头部很小，躯干粗短，胸骨扁平，没有龙骨突起，上面生有一对显得与身体很不相称的短翅膀，已经退化，不能飞翔。鸵鸟是一名奔跑健将，腿很长，十分粗壮，一步就可跨越4米，奔跑最高时速可达每小时70千米。依靠这种本领，鸵鸟能够逃过非洲大陆上绝大部分的掠食者。它们主要以植物和无脊椎动物为食，如果迫不得已，它们的一副大嘴和只有两个脚趾的粗壮爪子，也是很好的自卫武器，甚至可以致狮，豹于死地。

鸵鸟不能飞翔与它的生活环境有着非常密切的关系。因为鸵鸟生活在开阔草原和荒漠中，会逐渐向高大和善跑方向进化，与此同时，飞行能力逐渐减弱直至丧失。

为什么走鹃如此知名?

作为一种非常出名的卡通动物，走鹃(*Geococcyx californianus*)可谓大名鼎鼎。人们每每看到那只奔腾而过的走鹃及被它远远甩下的土狼都会捧腹大笑。

一般情况下，走鹃的身长大约有半米，体重达到300克。它其实仍是一种会飞的鸟类，但最为出众的还要数其出色的奔跑能力。它可以以每小时近40千米的速度追击蛇类、爬行类、小型鸟类及啮齿动物。它们锋利的嘴既是猎杀的好武器也可以用来击碎石头。

走鹃生活在美国南部的一个狭长地带，从加利福尼亚到路易斯安那。而它们在欧亚大陆的近亲是杜鹃，以叫声凄美著称。

上图：奔跑的走鹃；下图：一对鸵鸟；右图：鹤鸵。

生命的秘密

鸟的爪子有何妙用？

就像翅膀的形状一样，我们也可以从鸟类爪子的形状中获得它们生活习性的重要信息。那些总是不停飞行的鸟类，比如燕子和蜂鸟，它们的爪子一般都很短。而那些总是栖息在树枝上的鸟类，比如啄木鸟，也有一双短爪子。大多数生活在水中的鸟类，它们都爪子扁平，脚趾间有蹼相连。那些在浅水中捕食的鸟类，如火烈鸟和苍鹭，则脚掌很大。同样的，一些陆生鸟类的脚也很宽，比如说蛇鹫。

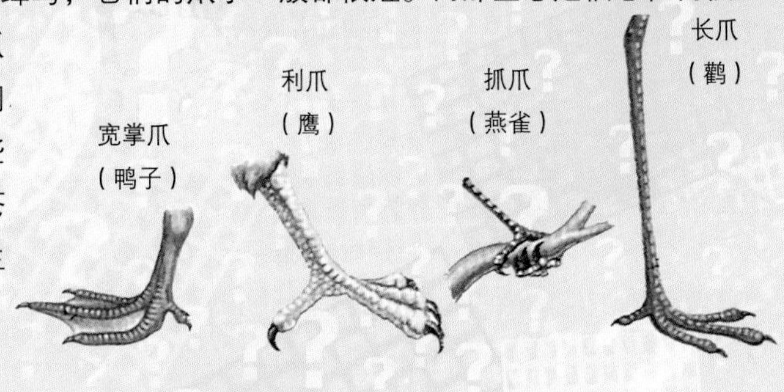

为什么鸬鹚喜欢在阳光下晒翅膀？

鸬鹚（*Phalacrocorax carbo*）别称鱼鹰，是一种非常适应水中生活的鸟类。但和其他水鸟不同，它的羽毛并不能防水，因为那样容易在羽毛间残留空气，而影响它游泳的速度。因此，每当在水中捕食结束后，鸬鹚就会展开翅膀，以便晾干羽毛。

鸬鹚的爪扁平而宽大，在水中游动的速度很快，足以追上小鱼等猎物。然后，它会突然伸长脖子用嘴发出致命一击，得手后浮出水面将猎物吞下。在它的眼睛上覆盖着一层特殊的膜，使其即使在水中仍可以保持很好的视力。鸬鹚分布在北美、非洲、欧洲和亚洲的海岸地区，以及河流湖泊之中。

普通大潜鸟。

鸬鹚。

为什么说潜鸟是潜泳冠军？

潜鸟的腿部粗壮、脚趾上有很大的脚蹼，十分擅长游泳和潜水，它们又长又尖的嘴巴，很适合捕食小鱼虾。例如普通潜鸟（*Gavia immer*，也叫北方大潜鸟）的潜泳水平很高，可以下潜到水下80米的深度，同时它也很善于飞行。但当它们在陆地上行走时，则略显笨拙可爱。普通潜鸟的体型与鹅类似，繁殖期主要分布在加拿大、美国北部、阿拉斯加和格陵兰，冬季则迁徙到欧洲和北美的西北部海岸。

为什么灰鹤喜欢结队飞行?

鹤科包括15种不同的大型鸟类，它们的共同特点是脖子、嘴、翅膀和爪子都很长，广泛分布在除南美大陆和两极地区以外的世界各地。

以灰鹤（*Grus grus*）为例，它的身高大约120厘米，体重约7千克，是欧亚大陆非常常见的鹤类。灰鹤主要以植物和种子为食，但也吃昆虫、蠕虫、软体动物和小型两栖动物。

灰鹤是一种候鸟，它们可以从欧亚大陆的北部一直飞行到北非和埃塞俄比亚过冬。在飞行过程中，灰鹤喜欢结群活动，小群十余只，大群可达上百只。它们在空中往往排成V字形，以便有效地切割空气，减小阻力。在飞行途中，它们会发出一种类似吹奏小号发出的声音一样的叫声，保持彼此联系。

为什么大西洋鹱被认为拥有超凡的方向感?

大西洋鹱（*Puffinus puffinus*）是一种非常常见的海洋性鸟类。在1952年的一次实验中，这种鸟显示出超强的方向感。

几只栖息在英国威尔士格拉斯霍姆岛的大西洋鹱被运到了5000千米外的美国波士顿。在波士顿，科学家们给大西洋鹱戴上了用于识别

上图：大西洋鹱；左图：一只灰鹤，背景为一群呈V字形队列的灰鹤。

的脚环，然后将它们放飞。仅仅12天后，这批大西洋鹱就被发现已经飞回了此前栖身的威尔士格拉斯霍姆岛。

大西洋鹱体长大约30厘米，重约400克，翼展约80厘米，在欧亚大陆，非洲、美洲均有分布，以在水中捕鱼为生。夏季，它们在北半球生活，从秋季起开始向南迁徙。

为什么北极燕鸥是迁徙距离最长的候鸟?

作为一种候鸟，北极燕鸥（*Sterna paradisaea*）的迁徙路线在鸟类，乃至整个动物界都是最长的。每年它们都要从临近北极的繁殖区南下，迁徙至南极洲附近的海洋，之后再北迁回繁殖区，全部行程达4万多千米，每日的飞行距离都在100千米以上。

但也正是得益于这种迁徙方式，北极燕鸥每年可以在南北半球各度过一个夏天，所以它也是这个世界上享受阳光最多的动物。

一只北极燕鸥的平均年龄大约是30岁，而在它的一生中飞行的距离超过240万千米，大约相当于月亮和地球之间距离的6倍。

一只成年的北极燕鸥体重约100克，体长约35厘米，翼展约80厘米，主要以小型鱼类、甲壳类动物为食，也捕食昆虫和蠕虫。

上图：北极燕鸥；
右图: 飞翔的北鲣鸟。

候鸟是如何生活的?

不随季节迁徙的鸟类被称为留鸟，而随季节迁徙的鸟类则被称为候鸟。所谓候鸟，顾名思义就是会随着时间或季节的变化长途跋涉，迁徙到条件更为适合的地方去觅食、繁衍的鸟类。一般情况下，每年当气候开始变差的时候，候鸟们就会集结起来，组成一个个颇具协调性的队伍。在这些队伍中，每只鸟都会服从一些简单的规则，它们会一起起飞或降落，飞行中保持相同的速度、方向、次序及彼此间的安全距离。直到今天，科学家们还没能完全破解候鸟能够在千里的征途上准确导航的秘密，我们只能基本理解为它们是有效利用地球磁场、日月星辰的位置和地形参照来飞行的，而且一般在群体中由经验丰富的老鸟带领年轻的菜鸟飞行。

很多种类的候鸟，比如大雁和灰鹤，在飞行中会排成V字形。也有一些种类的候鸟如红火烈鸟，飞行时会排成一字长蛇阵队形。

企鹅的世界

企鹅共有18个独立物种，是完全适应了南极地区冰冷海洋生活的鸟类。它们皮下有厚厚的脂肪，并披着粗大防水的羽毛，所以能够在极寒的气候下保持体温不变。企鹅一般成群生活，一群企鹅可以有几百到数千只不等。在企鹅群中雄性企鹅和雌性企鹅往往会结成终身不变的家庭，共同负责照顾后代。

洪堡企鹅

洪堡企鹅（*Spheniscus humboldti*）主要分布在南美最南端的海岸地带和马尔维纳斯群岛地区，它们身高约70厘米，体重约4千克。

冠企鹅

冠企鹅（*Eudyptes chrysocome*）又被称为跳岩企鹅，最明显特征是它们的眼睛上方长有一簇长长的黄色羽毛，并因此而得名。它们生活在南非到南美西部及南极洲沿岸和岛屿上。

王企鹅

王企鹅（*Aptenodytes patagonicus*）的身高可以达到1米，体重约12千克。雄性王企鹅会通过堆积沙石筑窝的方式来取悦异性。

帝企鹅

帝企鹅（*Aptenodytes forsteri*）是企鹅家族中体型最大的成员，它们的身高可以达到1.2米，体重超过30千克。它们主要分布在南极大陆的冰海之中。

企鹅的一生

在南极的冬季，绝大多数企鹅都主要生活在冰盖地区，只有到了每年10月初，它们才会来到无冰的海岸地区筑巢繁殖。有趣的是，企鹅们总会回到自己出生的地方，并在那里繁衍小企鹅。唯一的例外是帝企鹅，它们始终生活在覆盖着永冻冰的冰原上，并在这里繁衍。由于无法找到沙石构筑鸟巢，帝企鹅双脚并拢，用嘴把卵滚到脚背上，不让卵直接接触地面。然后，充分利用腹部的皱皮把卵盖上，如同一床羽绒被一样，给未来的小宝贝营造一个温暖舒适的环境。

鸟类繁殖的秘密

为什么情侣鹦鹉被称为爱情鸟？

情侣鹦鹉也叫牡丹鹦鹉、爱情鸟，属鹦形目，鹦鹉科，共有9种，均产于非洲。情侣鹦鹉非常喜欢群居，体长一般在14厘米左右，体重50克。鸟喙呈红色，虹膜棕色有宽白眼圈，生活在非洲热带丛林中，一般在树洞中营巢繁殖，以各种植物种子、水果和浆果为食。这种色彩艳丽的鹦鹉，雄性和雌性会在一起构筑一个长久而牢固的“家庭”，它们常常会站立在同一枝头，彼此梳理对方的羽毛，显得很恩爱。由于这种鸟羽色艳丽，常被捕捉饲养，致使野生数量越来越少。

一对费氏情侣鹦鹉。

为什么群居织巢鸟被称为真正的建筑大师？

群居织巢鸟（*Philetairus socius*）的外形看上去非常像常见的麻雀（雀科），但实际上却属于织布鸟科。

群居织巢鸟主要居住在非洲南部地区。它

生命的秘密

鸟卵里有什么？

鸟类的卵与爬行动物的卵非常类似。它的最外层是一个主要由钙盐构成的硬质外壳，一般为白色，也可以是其他颜色。在硬壳内有两层卵壳膜，一层膜在鸟卵较大的一端构成一个气室，而另一层膜则包裹着卵白和卵黄。卵白的主要成分是蛋白质和水，能起到保护胚胎的作用并为胚胎发育提供水和营养物质；而卵黄是胚胎发育的主要营养物质。胚胎最初只是卵黄中央一个圆盘状的小白点，称为胚盘，含有细胞核，内有遗传物质，由受精卵分裂形成，是进行胚胎发育的部位。

鸵鸟的卵是鸟类中最大的，可以达到20厘米长，而小蜂鸟的卵则很小，只有一颗豌豆大。

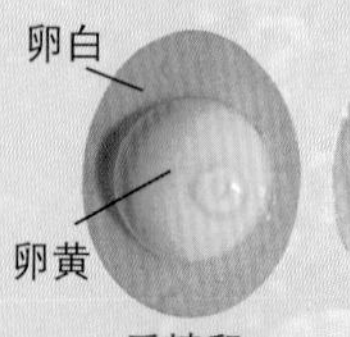

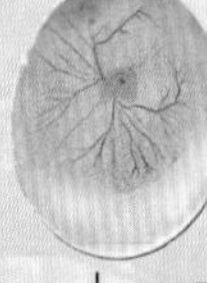
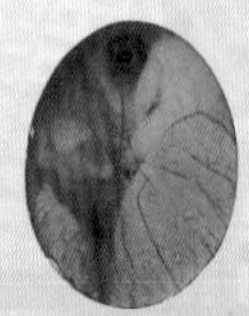

受精卵 胚胎发育 幼鸟等待破壳

生命如何运转

鸟类是如何繁殖的?

不同种类的鸟达到性成熟的年龄是不同的，有些很快，几个月即可；有些则很慢，需要几年的时间。鸟类的交配是通过雌雄鸟泄殖腔末端的短暂接触完成的，泄殖腔同时也具有将体内垃圾排出的功能。

很多情况下，鸟类没有可以看到的性器官，但人们可以通过它们的第二性征来区别它们的性别。例如体型、颜色、羽毛的靓丽与否等等。一般来说，雄鸟体型更大，颜色更鲜艳，但这一规律并不是绝对的。雌鸟一般会在交配24小时之后才开始产卵，不同种类的鸟产卵的数量也不等，一般是1～4枚，但也有个别种类会产下更多的卵。

们一般以昆虫和种子为食，并结成很大的一群过着集体生活。它们会相互配合，一起在枝杈间构筑相互连接的巨大鸟巢。

群居织巢鸟首先用较为粗大的草茎、草叶、柳树纤维等编织成房顶，以遮蔽风雨，而后在房顶下构筑一个个入口向下的小房间，供不同的“家庭居住”。这样一个鸟巢可以容纳上百个“家庭”。

当它们所居住的枝杈不堪重负而使鸟巢损坏时，群居织巢鸟就会一起另寻新址，建造新的鸟巢。

为什么说大杜鹃是狡猾的骗子?

大杜鹃（*Cuculus canorus*）栖息在欧洲、亚洲和南部非洲的树林中，体长约30厘米，主要以昆虫和其幼虫为食。大杜鹃有时会发出高声鸣叫，叫声凄厉洪亮，在很远的地方就能听到。除此以外，大杜鹃最大的特点是从不自己筑巢和孵卵，而是将卵产在其他雀形目鸟类的巢中，由这些鸟代为孵育。

完成交配后，雌杜鹃会找到那些主人暂时离开的鸟巢，将其中已有的卵扔掉一枚，并在原位上产下自己的卵。大杜鹃的体型比麻雀、灰喜鹊、伯劳等鸟类都大得多，但它的卵看上去却和这些鸟类的卵差不多大。大杜鹃的幼鸟一般会比其他鸟类的幼鸟先破壳而出，出生后会立刻把其他的鸟卵都挤出去，独占整个鸟巢并吸引“养父母”的全部注意。而那些可怜的义鸟会在大杜鹃幼鸟长得比自己的体型还大时，仍在喂养它。

右图：枝头上的大杜鹃。中图：一只偷换鸟卵的大杜鹃。

丛冢雉为什么要构筑非常大的鸟巢?

雄性丛冢雉(*Alectura lathami*)所建的巢是所有鸟类中最大的独立鸟巢。它们生活在澳大利亚南部的丛林地区，每当繁殖季节到来前的4个月，雄鸟就开始忙碌起来。它会搭建一个直径大约4米、高度达到1米的土包，并在土包中填充许多树叶和树枝。雌鸟会将卵产在土包中，等土包里的植物逐渐腐烂，就会释放出一定的热量，借助这些热量，卵就能够被孵化。雄鸟雉会始终检测巢内的温度，确保其保持在33℃左右。测量温度的时候，雄鸟把土刨开，将喙伸入土包里，用舌头或者脖子上没有毛的地方感觉一下温度。如果夏天太阳暴晒，它就会在土包上多覆盖些土，如果天气太冷，它就会把土包打开，让阳光晒到卵上去。

鹪鹩为什么要筑好几个巢?

有些鸟类对爱情忠贞不贰，一生的伴侣都不会改变，但有些鸟类在每个交配季节都要更换伴侣，雄性不参与对幼鸟的照顾，因此没有建立家庭的必要。而像鹪鹩(*Troglodytes troglodytes*)这样的鸟则更干脆，根本就是一夫多妻制。

雄性的鹪鹩会在自己的地盘里一口气构筑好几个巢，用以招待多个雌鸟并和它们交配，共同生活直到幼鸟成熟为止。

雀形目鹪鹩科共有80种和360多个亚种，大部分生活在欧洲、亚洲、北非，中国只有1种(鹪鹩)和7个亚种。

上图：鹪鹩；下图：站在巨型鸟巢上的丛冢雉。

什么是嗉囊乳?

很多种鸟类的食道中部或下部都有一个明显或不明显的膨胀部，被称之为嗉囊。很多鸠鸽科的鸟类都会通过嗉囊分泌一种白色的营养物质，被称为嗉囊乳，又称鸽乳。成年鸟会用它来喂养刚刚出生的幼鸟。

为什么说雄性园丁鸟是精益求精的装修大师?

园丁鸟科属雀形目，有近20种不同的鸟类，广泛分布在澳大利亚和新几内亚温暖湿润的森林中。它们之所以会有园丁鸟的美称，主要是因为雄鸟在求偶时会用树枝搭建“凉亭”式的巢穴，并用色彩鲜艳的鲜花、小骨头、羽毛等小物品装饰其间。一旦有雌鸟来到漂亮的亭子前，雄鸟会便兴高采烈地围绕着亭子转圈，向对方介绍“洞房”的华丽，同时跳起优美的求婚舞，用嘴捡起各种精致的珍品让客人观赏。这种求爱表演会一直进行，直到赢得雌鸟的爱慕，然后它们便双双进入“洞房”。

一只园丁鸟正在向雌性展示自己的巢穴。

生命的秘密

鸟儿是如何在巢中孵卵的?

孵化，顾名思义，就是通过对卵的加热，保证胚胎能顺利发育。这需要成年鸟用身体上羽毛相对较少的部位与卵发生直接接触，将体温输送给鸟卵。为了完成这个工作，鸟类一般会首先修筑一个可以栖身的鸟巢。不同鸟类的鸟巢大小和建筑方法各不相同。孵卵工作有时由雌鸟完成，有时由雄鸟完成，也有雌雄交替孵化的现象，这些都因鸟的种类而异。同样的，有些种类的鸟，幼鸟破壳而出后，很快就会离开巢穴生活，而另一些种类的幼鸟则要在巢中生活几天或几周，直到羽毛完全发育好为止。事实上，有些鸟刚出壳时羽毛就是健全的，眼睛也已经睁开，可以走路或者游泳了；而有些鸟出壳时浑身无毛，眼睛紧闭，完全无法活动。

幼鸟的出生状态也决定了鸟巢的复杂程度，幼鸟个体越孱弱，巢也就越复杂。筑巢的材料有时是植物的根、茎、叶，有时则是动物的骨头、甲壳、毛发等，甚至是人类的垃圾、废纸、罐头盒等。

家燕的巢。

鸟语解疑

公鸡早上为什么要打鸣?

和许多鸟类一样，清晨是鸡类一天中最活跃的时刻，在鸡群中处于首领地位的公鸡往往选择在此时大声鸣叫，借此向所有的同类昭示：我很好，时刻准备反击任何入侵。

实际上，在一天中的其他时段，公鸡们并不会保持沉默。它们也会时不时地发出洪亮的叫声，作为对可能的入侵者的警告。

而当母鸡们四散开去寻找食物时，公鸡的叫声则发挥着类似牧羊犬叫声的作用，时刻提醒母鸡们要保持鸡群的完整。

上图：一只公鸡和两只母鸡；下图：梅花翅。

为什么说梅花翅是个高明的音乐家?

梅花翅（*Machaeropterus deliciosus*）是一种外形与我们常见的麻雀很相似的小型鸟类，主要居住在南美洲安第斯山脉的斜坡和厄瓜多尔、哥伦比亚的森林之中。

梅花翅独一无二的特点是，雄鸟在求偶时会发出一种十分和谐悦耳的音乐声，非常像小提琴在演奏，但这种音乐并不是它用嘴巴发出来的。

事实上，梅花翅是通过振动和摩擦它特有的棒状羽毛来发出音乐声的，而其他羽毛则起到了回音板的作用。

为什么鹳科鸟类都不唱歌?

除去极其特别的种类外，所有的鹳科鸟类都不会鸣叫。以白鹳为例，它们在相互沟通联系时并不需要发声器官发挥作用。相反，它们会猛烈击打长长的喙来发出声响，达到相互联系的作用。

白鹳是优秀的猎手，它以两栖类、爬行类和啮齿类动物为食。这是一种大型鸟类，身高可以达到1米，翼展近1.5米。广泛分布在欧、亚、非三洲，冬季时南下温暖地区越冬，而夏季返回北方繁殖。

上图：一对白鹳，雌鸟正在窝中孵卵；
中图：一只正在教唱的草地鹨。

鸟儿是怎么学说话的?

除去一些天生就会鸣唱的鸟类外，大多数鸟类的鸣叫能力都是后天的，也就是由成年的鸟教会的。于是就出现了一个有趣的现象：即使是同一种类，但在地理上相互隔绝的各个群体间会存在不同的“方言”。

生命的秘密

鸟儿之间是如何沟通的?

和哺乳动物不同，鸟类是没有声带的。鸟类的发声器官叫鸣管，位于气管与支气管交界处，由若干个扩大的软骨环及其间的薄膜——鸣膜组成，空气通过气管快速冲出时，气流使鸣膜振动而发声。某些鸟类的气管两侧附有特殊的肌肉，称为鸣肌，可以控制鸣管的伸缩，从而调节进入鸣管的空气量和鸣膜的紧张度，改变其鸣叫声。一般来说，短促的叫声表示有威胁靠近，紧张害怕或提醒同类注意；悠扬的歌声是雄鸟求偶的信号及对领地的宣示。除去叫声外，鸟类还可以用身体动作相互沟通，比如展示自己的羽毛，或者是根据季节的变化而改变羽毛。特别是当求偶季节来临时，很多种类雄鸟的头部、颈部、胸部、翅膀或尾巴都会长出粗大而艳丽的羽毛。除去外观的改变外，鸟类还利用特定的身体动作相互沟通，除求偶外还可以表示警告、呼唤或友好，展示最艳丽的羽毛以显示自身的健康和强壮，完成特技动作，显示自己的矫健和力量。

黑头鹀。

孔雀为什么会开屏?

蓝孔雀(*Pavo cristatus*)是鸡形目的一种大型鸟类，原产于印度次大陆的南部地区，与我们常见的家鸡、火鸡、环颈雉、鹧鸪具有较近的亲缘关系。

雄性孔雀的尾巴由20余根很长的羽毛组成，可以像扇子一样展开，上面还点缀有几十个色彩斑斓的同心圆，远远看去如同一扇屏风，十分美丽。借助这扇华丽的屏风及亮蓝色的身体，雄性蓝孔雀能够非常吸引异性的眼球。事实上，外观越美丽的雄孔雀获得交配的机会也的确越多。

在自然状态下，孔雀以植物的种子和浆果为食。时至今日，孔雀早已成为一种备受宠爱的观赏鸟，遍布全球。

为什么军舰鸟的脖子上会隆起一个红色的球?

在繁殖季节，雄性的丽色军舰鸟(*Fregata magnificens*)会高昂着头，不断振动翅膀，上下喙片不断碰撞发出声响，同时它们大口大口地吸气，使颌下的喉囊渐渐鼓胀起来，呈猩红色，就像是在脖子上挂了一个红色的大气球。雌鸟如果接受它的求爱，就会轻轻撕咬雄鸟的羽毛并用头部摩擦对方的喉囊。

军舰鸟的翼展可以达到2米，是非常优秀的飞行健将，可以用它长而带钩的嘴来捕鱼。它们广泛分布在大西洋的热带岛屿及美洲太平洋沿岸地区。

为什么雄性黑琴鸡之间会斗殴?

有一些鸟类会为争夺位次而斗殴打架，这被认为是吸引异性的一种方式。在繁殖季节，成群的雄性黑琴鸡(*Tetrao tetrix*)会聚集在某个地点举行盛大的“婚礼斗殴”。它们在雌性的面前互相厮打搏杀，那个能击败所有对手、抢占中央位置的幸运儿，可以获得大多数母鸡的青睐。黑琴鸡的体型与家鸡相仿，雄鸟几乎全身漆黑，翅膀上有白色翼镜；尾巴呈叉状，外侧尾羽长而向外弯曲。它们生活在欧洲和中北亚。体长约60厘米，主要以树叶、浆果、种子和昆虫为食。

左图：开屏的蓝孔雀；上图：雄军舰鸟正在向雌鸟求爱。

好奇心

鸟类选择栖息地的标准是什么?

和所有动物一样，鸟类首先偏爱那些有足够食物来源并能建立安全稳定的巢穴的栖身地点。一些鸟类在整个交配季节都会成对居住在一起，很多情况下，这些伴侣每年都还会忠实地回来与“爱人”重聚。而另一些种类的鸟，特别是一些海鸟，则过着群居生活。它们的鸟巢一个挨着一个，每对夫妻都合力对抗邻居的骚扰。鸟类对自己栖息地边界的设定，主要基于是否能满足食物的需要。比如以花蜜为食的鸟类，就需要控制足够多的鲜花以保证食物充足，它们的领地很可能就是几丛花或几平方米的面积。雌鸟对栖息地的质量要求更高一些，它们不仅看重食物资源，更看重能否在未来的繁殖季节保证爱巢的安全。因此，雄鸟提供的地点越优越，那么它的歌声或动作也就越有可能吸引更多的异性。

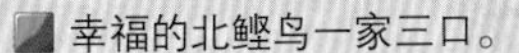

幸福的北鲣鸟一家三口。

为什么说丹顶鹤是动物界的舞蹈家?

当繁殖季节到来时，雌雄丹顶鹤（*Grus japonensis*）都会在繁殖地开始配对和占领巢域，雄鸟和雌鸟彼此通过在巢域内的不断鸣叫来宣布对领域的占有。它们求偶时也伴随着鸣叫，而且常常是雄鸟嘴尖朝上，昂起头颈，仰向天空，双翅耸立，引吭高歌。雌鸟则高声应和，然后彼此对鸣、跳跃和舞蹈。它们的舞姿很优美，或伸颈扬头，或屈膝弯腰，或原地踏步，或跳跃空中，有时还叼起小石子或小树枝抛向空中。这种大型鸟类身高可以达到1.5米，主要分布在西伯利亚、中国东部、朝鲜和日本。它们主要以两栖类、爬行动物、无脊椎动物和水生植物为食。很可惜，这种美丽的鸟类已属于濒危物种，据估计全球野生丹顶鹤仅存不足3000只。

一对正在翩翩起舞的丹顶鹤。

鸟儿们的霓裳羽衣

许多种鸟类，特别是那些生活在热带雨林中的物种，其羽毛的形状和颜色会随着季节变化而明显不同。特别是在繁殖季节，雄鸟的羽毛颜色会更为艳丽，形状和长度也会有所变化。它们美丽的霓裳羽衣是引起异性关注的主要手段，因为越是鲜艳的毛色，越说明所有者身体健康，足以保证未来母子的安全。

红颊蓝饰雀

红颊蓝饰雀（*Uraeginthus bengalus*）体长约12厘米，广泛分布在非洲的热带地区，喜欢在多刺的灌木丛中筑巢。

蓝绿鹊

蓝绿鹊（*Cissa chinensis*）体长36厘米左右，尾长，嘴、脚红色，通体羽色主要为草绿色，宽阔的黑色贯眼纹向后延伸到后颈，在绿色的头侧极为醒目。主要以昆虫为食，群栖于原始林及过伐林和次生林高大的乔木中。

仙唐加拉雀

仙唐加拉雀（*Tangara chilensis*）主要栖息在亚热带或热带低地的潮湿森林，体长约15厘米，会在树木间建造巧妙隐藏的鸟巢。

极乐鸟

极乐鸟科大约包括30个不同的种类，这是一种非常美丽的鸟类。红羽极乐鸟喉部为金绿色，披一身艳丽的羽毛，特别是有一对长长的大尾羽，更显得抚媚动人，光彩夺目。蓝极乐鸟在求偶时会竖起身体两侧的金黄色绒毛，抖开全身织锦般艳丽的羽毛，以吸引雌鸟。极乐鸟主要分布在澳大利亚北部和新几内亚地区。

欧亚红尾鸲

欧亚红尾鸲（*Phoenicurus phoenicurus*）身长约14厘米，以其欢快明亮的叫声而著称，与常见的家雀有很近的亲缘关系。

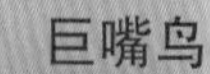

巨嘴鸟

在南美洲的热带雨林中大约生活着50种不同的巨嘴鸟，这种大型鸟类以其宽大而颜色艳丽的大嘴而得名。

绿头鸭

绿头鸭（*Anas platyrhynchos*）为鸭属的典型代表，广泛分布在北半球各地。它们体长约半米，体重约1千克。雄性绿头鸭的头部为绿色，颈部有一圈白色羽毛。

维多利亚凤冠鸠

维多利亚凤冠鸠（*Goura victoria*）属鸽形目，其最显著特征就是它那由白色、蓝色和紫色羽毛组成的巨大的扇形头冠，艳丽非凡。这种鸟主要分布在新几内亚地区，体长约70厘米，重约2千克。

五彩金刚鹦鹉

这种罕见的鹦鹉色彩十分美丽，主要居住在中南美洲的热带雨林中。体长可以达到90厘米，重约1千克。根据最新估计，野生状态下的绯红金刚鹦鹉仅存约5000只。

琴鸟

琴鸟科目前仅存两种，它们都属于大型鸟类。雄性琴鸟在求偶季节会展开尾部那两根长长的羽毛吸引异性，形状非常类似中世纪的里拉琴，并因此而得名。琴鸟主要分布在澳大利亚的热带雨林中，它们有模仿各种声音的独特本领。

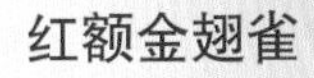

红额金翅雀

红额金翅雀（*Carduelis carduelis*）根据体型和颜色上的细微差别又被细分为许多不同亚种。雄性红额金翅雀体长可以达13厘米。

知更鸟

知更鸟（*Erithacus rubecula*）又叫欧亚鸲，属雀形目的小型鸟，在欧洲很常见，体长约14厘米，自脸部到胸部都是红橙色，与下腹部的白色形成明显的对比，因此十分容易辨认。

哺乳动物

哺乳纲的成员绝大多数是四足陆生动物，但也有一些成员能够上天入海。此纲的所有成员都有内骨骼、肌肉和完善的身体器官，它们的脑部比其他动物都要发达许多。今天全球大约有超过5600种脊椎动物可以被归入此纲，都属于是温血恒温，有体毛的动物。它们的幼崽都是胎生，从母体中诞生时就已经基本成形，而母体则通过特殊的器官——乳房分泌乳汁来哺育幼体。当然此纲成员中也存在个别例外，如最原始的单孔目哺乳动物，它们仍保持卵生方式，也没有真正的乳房；有袋类动物的幼崽诞生时并不比胚胎大多少；而水生的鲸类则没有体毛。

单孔目和有袋目

为什么说鸭嘴兽好像是海狸和鸭子的混合体?

这主要是因为鸭嘴兽（*Ornithorhynchus anatinus*）有一个海狸模样圆滚滚的身体和一条铲子似的扁尾巴，但它的四肢却生有脚蹼，还有一张鸭子似的扁平嘴巴。鸭嘴兽用这个嘴巴挖掘水底的淤泥，寻找蠕虫、幼虫和甲壳类为食。

鸭嘴兽体长一般可达50厘米，浑身覆盖着粗糙且防水的皮毛。这种古老的单孔目哺乳动物主要生活在澳大利亚东部地区和塔斯马尼亚州的河流湖泊中。作为自卫的武器，雄性鸭嘴兽后肢有一枚弯曲的毒刺，当它用后肢向敌人猛刺时会释放出致命的毒液。在交配后，雌性鸭嘴兽将在巢内产下2枚卵，经过两个星期的孵化，小鸭嘴兽出生。鸭嘴兽没有明显的乳头，刚孵化的鸭嘴兽须寻找母兽腹部泌乳孔吸吮乳汁维生，约4个月哺乳期后独立生活，2.5岁成年。

上图：鸭嘴兽利用它的大尾巴在游动中转向；下图：短吻针鼹。

为什么长吻针鼹很容易和其他针鼹相区别?

这是因为长吻针鼹的体型更大，一张尖尖而弯曲的嘴也比短吻针鼹长得多。这类单孔目动物仅分布于新几内亚岛，它用粗大尖利的爪在地面挖掘，捕食土中的陆生蠕虫为食。长吻针鼹有3个不同的种，并被人称为刺食蚁兽。它们体长可达1米，重约15千克。

单孔目包括多少种动物?

单孔目的成员非常稀少：鸭嘴兽科，仅有鸭嘴兽一种；针鼹科，也仅有2个属4种。

生命的秘密

哺乳动物与其他脊柱动物最大的区别是什么?

哺乳动物与其他脊椎动物最大的区别在于它们雌性个体特有的身体结构，精巧而高效。雌性哺乳动物一般都有2个卵巢，2条输卵管和一个抚育孕育的子宫。卵巢会定期产生一定数量的卵子，而输卵管负责将攀援而上的精子引向卵子完成受精，受精卵则进入子宫完成发育。在哺乳动物中，单孔目动物的消化、生殖和泌尿管道均通入泄殖腔，有一个共同的出口。而其他哺乳动物生殖器的外口与肛门相分离。有袋类和一些啮齿动物会有两个子宫，而其他哺乳动物均只有一个。乳房是哺乳动物特有的一种腺体，它负责分泌乳汁，乳汁会从乳头的孔中流出体外。一般来说，乳房隆起是雌性哺乳动物个体性成熟的标志。乳房一般分布在胸部、腹部或股沟部，为2～20个不等。有袋类的乳房很多，而单孔类则没有乳房。

小牛正在吃奶，母亲的乳汁对于哺乳动物的成长是不可或缺的。

与之相对的，被称为短吻针鼹（*Tahygolssus aculeatus*）的澳洲针鼹体型要稍小一些，体长大约40厘米，背部和体侧覆有深色的硬刺，长约6厘米，刺下有毛。它的吻部更圆更短，舌头细长，生有小刺，主要用于捕食昆虫和蠕虫并兼有嗅觉功能。它们主要生活在澳大利亚、塔斯马尼亚和新几内亚地区。

为什么负鼠会装死?

负鼠是一类美洲的有袋类哺乳动物，不同种的负鼠体长差异很大，有的仅长几厘米而有的则可达50厘米。它们生活在树木茂盛的地区，由于有一条粗壮的尾巴，它们可以在树间敏捷地爬行。

最常见的负鼠种类是北美负鼠（*Ddelphis virginiana*），体长可以达40厘米，主要在夜间活动，以种子、水果、昆虫、鸟卵、爬行动物和小哺乳动物为食，广泛分布于美国中南部和中美洲地区。有趣的是，当北美负鼠遭遇严重威胁时，它们会倒在地上一动不动，嘴巴和眼睛张开，舌头伸出在外，从肛门排出绿色的液体，发出腐臭的气味，不少敌人因此失去了吃它的兴趣，因为它们一般不爱吃已死的动物。北美负鼠的这种状态并不完全是伪装，而是真的昏睡过去，时间可长达4个小时，直到掠食者离开后很久才会醒来。

正从树上慢慢爬下来的负鼠。

为什么袋鼠的尾巴又粗又大？

因为这样的大尾巴能帮助袋鼠在远距离跳跃时保持平衡。有了这条独特的尾巴，那些体型巨大的袋鼠才能以将近每小时60千米的高速狂奔。而当袋鼠们像其他四足动物一样慢慢行走时，强壮的尾巴还可以起到良好的支持作用。

现在大约有60种澳大利亚的有袋类动物被统称为袋鼠类，其中体型最大、最强壮的要数毛色如火的红袋鼠（*Macropus rufus*）。它们成群结队地生活在平原上，以树叶、青草和水果为食。红袋鼠的体重可以达90千克，身高达1.5米，还拖着一条近1米长的大尾巴。它们的后肢肌肉强健有力，如同弹簧一般，纵身一跃可以达9米远的距离和3米高的高度。

雌性袋鼠负责照顾袋鼠幼崽，刚出生的小袋鼠体重只有几克，它们会被保护在袋鼠妈妈的育儿袋中生长近10个月。

不要被它超萌的外表所-惑，在保卫自己的领地时，袋熊是很有攻击性的。

为什么袋熊的门牙总是长个不停？

袋熊等胖乎乎的有袋类动物有着很像啮齿类动物的门牙。袋熊的门牙一生都在不停地生长，因此它们必须经常啃咬树木和植物的根茎。

袋熊会用扁平的前爪在地下挖洞，最终建起自己的地下隧道网。它们是昼伏夜出的动物，主要分布在澳大利亚东南部凉爽的地区及邻近的岛屿。和袋鼠一样，袋熊幼崽即使在离开妈妈的育儿袋后，在最初的几个月中仍然会不时回到袋子里吃奶并寻求保护。

最常见的袋熊是塔斯马尼亚袋熊（*Vombatus ursinus*），它们身长大约1米，体重约30千克。

一只强壮的红袋鼠正坐在自己的大尾巴上。

为什么树袋熊从来不喝水？

树袋熊（*Phascolarctos cinereus*）又叫考拉，是一种非常可爱的有袋类动物，以其憨厚的样子赢得了全球无数粉丝。它们的四足修长且强壮，爪子很长、尖而弯曲，尤其适应于抓握物体和在树上攀爬，可以很轻松地稳坐在树干上。考拉以桉树叶为食，这些桉树叶为树袋熊提供了身体所需的90%的水分，所以除非生病和干旱时，几乎不可能看到考拉下树去找水。考拉主要在夜间活动，而白天则总是躲在枝叶间呼呼大睡，每天竟有18个小时处于睡眠状态。

考拉体长约70厘米，体重约8千克，分布在澳大利亚东部的绝大部分地区。

为什么说袋鼯是唯一会飞行的有袋类动物？

这类在树林中生活的有袋类动物在它的前后肢之间生有一层皮薄膜，使它们可以在树梢间滑翔前进。通过这种方法，袋鼯尽管不能真正像鸟类一样扇动翅膀飞行，但也可以一次飞行10余米。袋鼯与松鼠类似，主要以水果为食，它们生活在澳大利亚和新几内亚等地。

上图：一只休息中的考拉；
右图：一只蜜袋鼯在飞行。

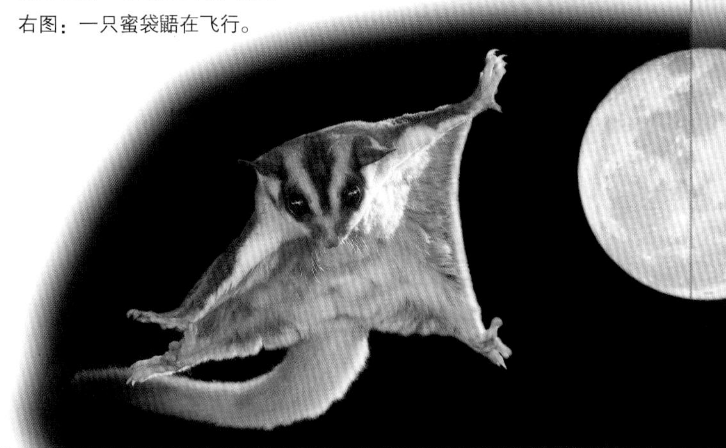

分类学知识

单孔目和有袋目动物有哪些特征？

单孔目是一些卵生的脊椎动物，它们没有乳房和乳头，但是却有其他特征来证实自己的哺乳类身份。首先是身体披覆着体毛，可以有效地保持体温恒定。更重要的是，雌兽会用皮下的乳腺分泌乳汁，喂养自己的幼崽。因此，可以认为它们的祖先是爬行动物与哺乳动物的过渡环节，是保留了许多爬行动物特征的哺乳动物。而另一类非常独特的哺乳动物是有袋目，它们的幼崽在母体内孕育的时间很短，出生时还远远没有发育完成，根本无法自主生存。为此，它们的母亲在腹部长有一个特殊的口袋，里边有许多细小的乳房，这个口袋被称为育儿袋，幼崽出生后仍会在育儿袋中生活很久。单孔目仅分布在大洋洲，而有袋类除在大洋洲有200多个种类外，在中南美洲还有70多个物种存在。

沙袋鼠是袋鼠家族中的小个子。

食虫目和翼手目

为什么鼩鼱总是吃个不停?

鼩鼱体长约为7厘米，体重10余克。别看它个头小，但胃口却很大，总是忙着不停地吃东西，每天至少得吞进同自己体重相同重量的食物，若食物丰富，甚至一天能吃下相当于自己体重3倍的食物。鼩鼱新陈代谢极快，心跳每分钟甚至超过1000次，即使在北方寒冷地方也不冬眠，因此几个小时不进食可能就会饿死。鼩鼱主要捕食昆虫、蚯蚓、蠕虫和蜘蛛，分布于欧亚大陆北部和北美洲。

鼩鼱的孕期一般只有2周。

欧亚红松鼠。

为什么松鼠总是要摆尾巴?

因为松鼠的尾巴实在是妙用多多。松鼠的尾巴上覆盖着粗厚的毛发，在寒冷的冬天可以保持温暖，而在炎热的夏天又可以当遮光伞来使用。同时，松鼠的尾巴在树梢枝头攀爬时可以起到平衡的作用，保障松鼠上下如飞。

分类学知识

哪些动物属于原始有胎盘动物?

绝大多数的现代哺乳动物都是有胎盘动物，当受精卵在进入此类动物母体的子宫后，会发育出一种称之为胎盘的特殊结构，它是在妊娠期间由胚胎的胚膜和母体子宫内膜联合长成的母子间交换物质的过渡性器官。胎儿在子宫中发育，依靠胎盘从母体取得营养，而双方保持相对独立。胎盘还产生多种维持妊娠的激素，是一个重要的内分泌器官。而原始有胎盘类动物的起源非常古老，发展至今已经广泛分布在世界的各个角落并适应了各种不同的生活环境。它们有着许多共有的身体特征，并又可细分为3个不同的目：食虫目，如鼩鼱和鼹鼠，它们都是以肉食为主的动物；啮齿目，如老鼠、旱獭、海狸和松鼠，它们基本都是草食或杂食动物；兔形目，包括野兔和家兔，它们都是纯粹的食草动物。

鼹鼠是一种食虫目的哺乳动物。

欧亚红松鼠（*Sciurus vulgaris*）是欧亚大陆最常见的松鼠，其毛色随时间及地点的不同，会呈现不同颜色，由黑到棕甚至红色。而北美灰松鼠（*Sciurus carolinensis*）则是北美洲最常见的种类。无论是红松鼠还是灰松鼠，它们体长大约都在20厘米左右，居住在树洞里，主要以种子、花、果实为食，也吃鸟卵和蘑菇。

北美灰松鼠。

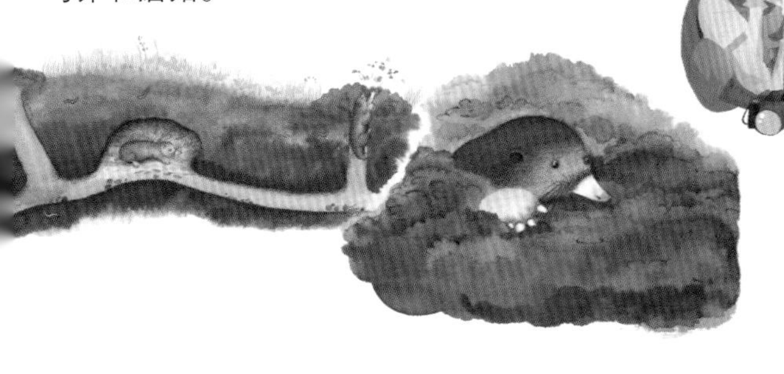

为什么说欧鼹鼠并不完全是瞎子?

欧鼹鼠（*Talpa europaea*）的眼睛很小且藏在毛发下，但无论如何它们仍具有感光的能力。与视觉退化相对的，鼹鼠的听觉和嗅觉十分发达。

在一生的大部分时间里，欧鼹鼠都生活在地下的隧道里。它们用锋利坚硬的前爪不停地在地下挖掘，以寻找黑暗空间中的无脊椎动物为食。因此，事实上它们也不需要很好的视力。欧鼹鼠体长约为15厘米，重约100克，主要分布在欧洲和亚洲北部的大部分地区。

土拨鼠为什么要吹口哨?

土拨鼠（*Marmota bobak*）又叫旱獭，是松鼠科中体型最大的一种，主要分布在俄罗斯，中亚和东欧草原。在中国分布于黑龙江、新疆、内蒙古等地。土拨鼠是群居的啮齿类动物，喜欢在地下挖掘很深的洞穴居住，还会用纵横交错的隧道将洞穴相互连通，形成网络。在一群土拨鼠活动时，总会有几只被派遣到领地周围担任警戒任务。那些担任哨兵的小家伙用后腿直立在地上，警惕地巡视四方。一旦发现危险靠近，“哨兵”们就会发出一阵非常类似于口哨的尖利叫声，几百米内都能听到。它们以此来警告同伴们迅速躲入复杂的地下网络。

土拨鼠体长约50厘米左右，主要以树根、牧草、植物的嫩芽、花和果实为食。冬季土拨鼠会进入冬眠，一般在一个地下的洞穴中，十五六只土拨鼠挤在一起睡去，通过这种方法来保持彼此的体温。

中图：鼹鼠和它挖掘的隧道；下图：土拨鼠哨兵。

为什么说河狸的存在对于蝙蝠来说大有益处?

在自然界中存在这样一种现象，一种动物的存在和行为会在不知不觉间对另一种动物造成莫大的影响。

在树木繁茂的地区，密集的树干会造成回波的混乱，从而对夜间飞行的蝙蝠造成困扰。而河狸（*Castor fiber*）总是不停地伐倒树木，以便觅食并为它们构筑的水坝提供材料，这无形中为蝙蝠的活动减少了许多麻烦。

河狸是一种食草的啮齿类动物，体长可达75厘米，体重约15千克，在水中活动非常敏捷。河狸一生都会不停地在河中构筑堤坝，建造蓄水池来保护自己的巢穴，以躲避陆生掠食者的袭击。

上图：河狸只需5分钟就能伐倒一棵杨树；下图：狐蝠们在休息。

好奇心

哪些动物是真正飞翔的哺乳动物?

翼手目动物，也就是蝙蝠，是唯一能真正在空中飞行的哺乳动物。它们飞行的秘诀在于经过漫长的进化，其前肢逐渐演化为两只翅膀。它的两只前爪除拇指外，各指均极度伸长，有一片翼膜从前臂、上臂向下与体侧相连直至下肢的踝部，前肢拇指末端有爪。多数蝙蝠在两腿之间也有一片两层的膜，由深色裸露的皮肤构成。依靠这些膜组成的翅膀，蝙蝠可以像鸟一样在空中长距离飞行。翼手目又可以分为两个亚目：大蝙蝠亚目和小蝙蝠亚目，也可称为食果蝠和食虫蝠。前者体形较大，某些成员的翼展可以达近2米；而后者的体型要小得多。但有趣的是，前者反而多以花粉、花蜜和水果为食；后者除了食虫外，也捕食小型啮齿类、鸟类、两栖类和鱼类。而在中美洲还有三类蝙蝠，专门吸食其他动物的血液。

为什么蝙蝠喜欢倒挂着睡觉?

因为这样的方式可以帮助蝙蝠栖身在那些天敌无法到达的地方，比如天然洞穴的顶部、树洞中或是田野间的地下洞穴中。而且，这种我们看似很不舒服的方式其实对蝙蝠而言却十分合适。蝙蝠为了飞行，其前肢已经特化为翅膀，生有又宽又大的翼膜，后肢又短又小，并被翼膜连住。因此蝙蝠在地面上根本无法站立，休息时只有倒吊着才更舒服。而且一旦遇到危险，蝙蝠只要松开树枝，伸开翅膀就能飞走，更为安全。

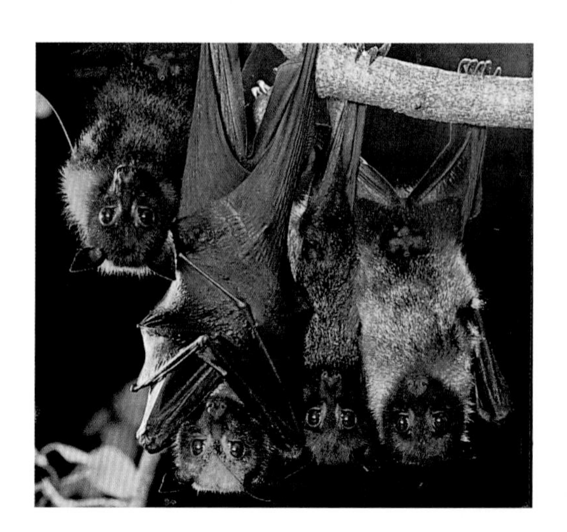

生命如何运转

蝙蝠为什么能在黑夜中捕食?

食虫的小蝙蝠亚目的成员能够在完全没有光亮的黑暗中飞行和捕食，这主要得益于它们与生俱来的一套回声定位系统。它们头部的口鼻部长着被称作“鼻状叶”的结构，能连续不断地发出超声波。当超声波碰到障碍物或昆虫时，会被反射回来并由蝙蝠们超凡的大耳廓所接收。这种超声波的探测灵敏度和分辨率极高，蝙蝠能据此判别方向，为飞行路线定位，还能辨别不同的昆虫或障碍物，进行有效地回避或追捕。蝙蝠就是靠着准确的回声定位在空中盘旋自如，甚至还能以极为灵巧的曲线飞行。人类制造的雷达和声呐与蝙蝠的回声定位原理相似，应用非常广泛。

一只在黑暗中飞行的蝙蝠。

为什么说狐蝠和常见的蝙蝠属于益兽?

狐蝠是世界上最大的蝙蝠种类，体型较一般蝙蝠大，翼展达90多厘米。由于其头形似狐狸，吻长且伸出，故称狐蝠。狐蝠主要分布于非洲、亚洲、澳大利亚及南太平洋岛国。在这些地区，飞翔的狐蝠担负着为龙舌兰、菠萝、香蕉、椰子和木瓜授粉及传播种子的工作，而这些作物在当地人们的生活中起着重要作用。

而在欧亚大陆和北非地区最常见的那些生活在人类居住区周围的蝙蝠，主要以蚊子和对农业有害的昆虫为食，可以有效地减少这些害虫的数量，对人类也是非常有益的。

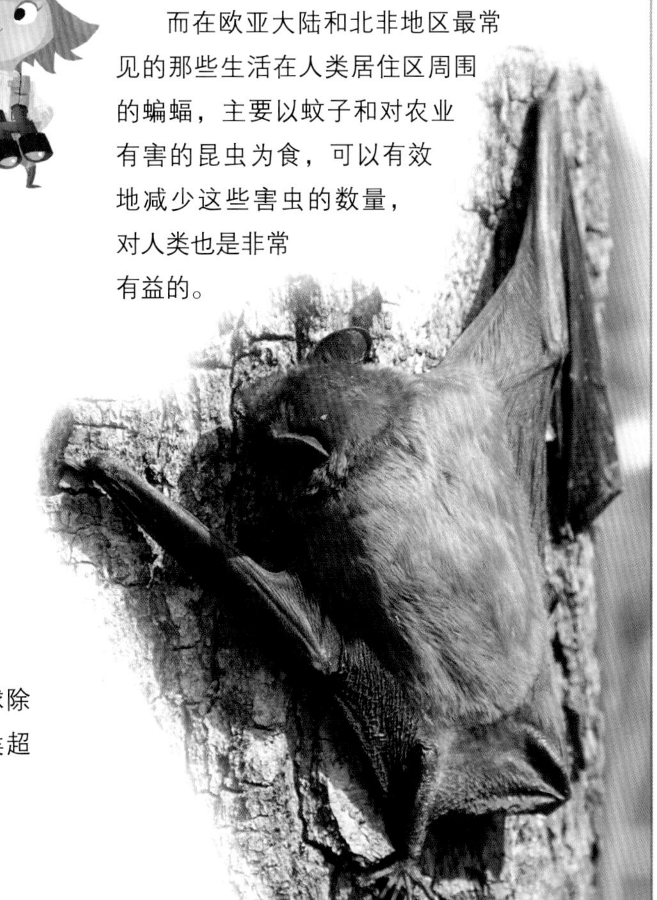

正在树木上攀爬的蝙蝠。

世界上有多少种蝙蝠?

蝙蝠的数量很庞大，种类繁多，散布在全球除极地以外的几乎所有区域。截至目前，已知种类超过1万种，约占哺乳动物总种类数的1/5。

贫齿目

为什么说树懒是一座活的动植物园？

树懒形状略似猴，动作迟缓，常用爪倒挂在树枝上数小时不移动，故称之为树懒。在树懒粗大的鬃毛中生活着许许多多的小生物，比如螨虫、蜱虫、甲虫、蟑螂和飞蛾，还有许多藻类植物，是唯一身上长有植物的野生动物。这些藻类的存在，使树懒的通体毛发呈现灰绿色，与周围环境浑然一体，为它提供了很好的保护色。再加上树懒行动十分缓慢，捕食者往往很难察觉到它。

白喉三趾树懒（*Bradypus tridactylus*）生活在中南美洲热带雨林的高大树木上，以树叶和果实为食，体长可达75厘米，重约20千克。

上图：白喉三趾树懒；下图：大食蚁兽。

为什么食蚁兽有一条长得不合比例的舌头？

食蚁兽的头很小，鼻子又细又长，而它的舌头却长得几乎不成比例，并且还十分灵活，充满黏性。而食蚁兽正是利用这条长舌头伸进蚁类、白蚁及其他昆虫在地下的巢穴中，把成虫和幼虫统统舔进嘴里。

大食蚁兽（*Myrmecophaga tridactyla*）的体长可以超过2米，体重达30千克，而它的舌头则可长达1米。它还有一副又大又坚硬的爪子，可以挖开地面或抵御天敌的攻击。

为什么说犰狳是很难杀死的动物？

犰狳是一种小哺乳动物，与食蚁兽和树懒有近亲关系，其头部、身体、尾巴和四肢都覆盖着一层骨质甲，它由角质组织构成，深入皮肤之中。每当遇到危险时，犰狳就会像乌龟一样把全身蜷成一个球，四肢和头尾都缩到盔甲中，使掠食者无从下手。

分类学知识

贫齿目动物有哪些特点?

贫齿目是哺乳动物中很罕见的一个群体，它们基本上只生活在中南美洲的某些地区。研究表明，贫齿目与其他哺乳动物不同，它们无法有效地控制自身体温，因此只能生活在温暖湿润的地区。顾名思义，它们要么没有牙齿，或仅有非常原始的牙齿，这些牙齿构造简单，没有齿根，可以终身生长，没有牙釉质，不具有门牙和犬牙。贫齿目动物一般身披毛发、鬃毛、鳞片或角质骨甲，同时有粗大的爪子。它们脊椎骨上的关节比其他哺乳动物都多得多。

不同种类的犰狳都生活在南美洲，体长30厘米~1米，体重3~30千克。犰狳夜晚从地下深处的巢穴中出来活动，以树根、蚯蚓、昆虫、蜥蜴和蜗牛为食。

上左图：食蚁兽；上右图：土豚；下左图：犰狳；下右图：穿山甲。

为什么土豚又被叫作非洲食蚁兽?

土豚（*Orycteropus afer*）是管齿目唯一的一个成员，它的许多特征与贫齿目动物非常接近，特别是与食蚁兽有许多相似之处。它们体长约1.5米，有一双尖利的爪子，土豚会用爪子在地下挖掘很长的隧道或挖开蚂蚁的巢穴，用细长而有黏性的舌头捕食昆虫，就像生活在美洲的食蚁兽一样。土豚主要生活在非洲撒哈拉沙漠以南的东非至南非地区，因此又被称为非洲食蚁兽。

为什么穿山甲经常被误认为是爬行动物?

这是因为穿山甲浑身都披着角质鳞片，鳞甲如瓦状，自额至背、四肢外侧、尾背腹面都有。其鳞甲从背冠中央向两侧排列，呈纵列状，只有吻部、腹部和爪内侧没有鳞片覆盖。穿山甲科共有7个不同的种类，都以昆虫为食。它们多分布于非洲、印度、马来西亚、菲律宾、缅甸和中国的雨林及草原地区。它们实际上属于鳞甲目，在各方面与贫齿目均十分相似。

有蹄类动物和大象

 为什么要给马钉马掌?

马在野生状态下一般是慢慢行走的，不到万不得已不会急速奔跑。在这种情况下，马蹄的角质层每月会生长5毫米，足以应付正常的磨损，起到保护马蹄的作用。但被人所驯化使用的马匹，需要经常奔跑、载运重物或在坚硬的地面上驱驰，因此马蹄的角质层损耗很大。这种情况下就需要将一块马蹄形的铁片直接用钉子钉到马蹄上，起到减小损耗，保护马蹄的目的。

马匹大约在距今5500年前被中亚的游牧部族首先驯化，欧洲则在其后约2000年出现驯马，而马蹄铁则是2000多年前古罗马人发明的。

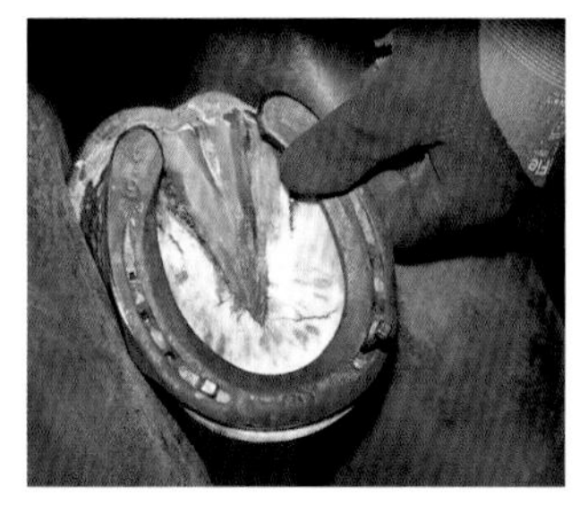

上图：骡子；中图：正在钉马蹄趺的马蹄；下图：放牧中的马匹。

为什么骡子不能生育?

严格地说，骡子又分为由公驴和母马所产下的马骡及由公马和母驴所产下的驴骡。但无论是哪一种骡子，它们的雄性个体都是不育的。

这主要是因为骡子是跨物种杂交的结果，它们细胞的染色体不能成对（仅有63个），因此生殖细胞无法进行正常的分裂。于是骡子都无法通过正常的生育方式繁衍后代。

通过实际观察会发现，由公驴和母马所产的马骡的体型比它的父亲要健壮得多，头部和蹄子也更粗壮，非常类似于马类，而耳朵狭长，又类似于驴。而由公马和母驴所产的驴骡，则耐力很强，力量较大，食量一般，脾气温顺而倔强。

大象的鼻子有何妙用?

对于一头大象而言，鼻子是不可或缺的重要器官。大象用它喝水、闻气味、抓东西、向嘴里递食物、推倒大树、铲除障碍、发出叫声、游泳时换气、向身体上撒土以驱散蚊虫等。在非洲生活着两种大象，一种叫作普通非洲象（*Loxodonta africanna*），主要生活在热带草原地区；而身体比它略小的称为非洲森林象（*Loxodonta cyclotis*），主要在热带森林中活动。在亚洲生活有亚洲象（*Elephas maximus*），它们又可细分为4个不同的亚种。所有大象都是群居动物，象群一般由一头年长的母象带领。大象主要以草类、嫩芽、水果为食。根据历史记录，曾有一只雄象身高超过4.2米，体重达12吨。

上图：一群非洲象；
上右图：一头亚洲象。

分类学知识

有蹄类动物是如何分类的?

有蹄类动物和四足类动物的四肢末端都有蹄子，蹄子就是最末一段的趾骨为粗壮指甲包裹所形成的组织。在所有这些动物中，人们根据蹄子的数量和形态的不同又将它们细分为几类。生有奇数个脚趾，并使全身主要重量作用在中间一个脚趾上的动物，如马、驴、斑马、犀牛等，称之为奇蹄目；与之相对的，生有偶数个脚趾，并将身体重量作用在居中的两根趾骨上的动物，如羚羊、牛、骆驼、山羊、鹿、长颈鹿、河马和猪，称之为偶蹄目；此外，大象及鲸类动物中的鲸鱼、海豚、海牛和儒艮都是从远古有蹄类动物逐渐演化而来的。

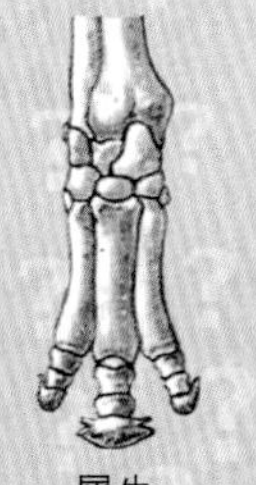
犀牛

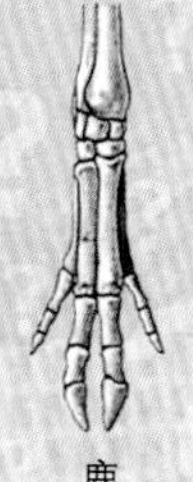
鹿

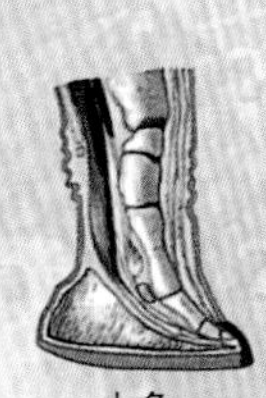
大象

和野猪一样，家猪也总是在地面上留下非常明显的痕迹。

为什么斑马的花纹始终是个谜？

关于斑马为什么会全身长满花纹，生物学界有许多种假说，但时至今日动物学家们仍没有得出一个有说服力的结论。有的假说认为，当大群斑马在遭到掠食者攻击而逃跑时，层层叠叠的斑纹会造成敌人视觉混乱，使它们无法有效区分单个的斑马个体；有的学者认为，黑白的条纹有利于阳光的吸收，可以帮助控制体温；而最近的观点则认为，这种黑白相间的条纹有助于避免牛虻、蚊子和苍蝇的叮咬。

斑马为非洲特产，主要生活在非洲草原上，以草和树叶为食。普通斑马（*Equus burchellii*）一般体长约2米，体重约300千克。

家猪为什么总喜欢在泥地里打滚？

家猪的这样做可以在炎热的天气里为自己防暑降温。同时，由于家猪身上没有真正意义上的鬃毛，只有一层短毛，泥地里打滚能使其身体表面粘满泥土，从而躲避蚊虫叮咬。

通过长时间的驯化和培育，人们已经培育出了400多种不同的家猪品种，每种都有特定的身体特征。目前最大的家猪体重可达300千克，而最小的宠物猪小时候只有茶杯大小，成年时体长也不过30～40厘米，重约30千克。

家猪是野猪（*Sus scrofa*）的亚种，从野猪驯化而来。它们都是杂食性动物，主要以根茎、树叶、果实、蘑菇、橡子、昆虫和小型脊椎动物为食。

每一匹斑马的花纹都是不同的。

为什么说犀牛角与其他有蹄动物的角大不相同？

犀牛的头部长着一对美丽的角。与其他有蹄类动物骨化的角不同，它是由角质蛋白形成的角质纤维构成的，类似于毛发。

犀牛是现存最大的奇蹄目动物，也是现存体型仅次于大象的陆地动物。这种令人印象深刻的动物如今仅存5种，其中两种生活在非洲，3种生活在亚洲。犀牛中体型最大的是白犀，已濒临灭绝，其体长可达4米，体重超过2吨。今天仅在非洲撒哈拉沙漠以南的少数几个地区还能见到它们的身影。犀牛主要通过外翻的宽大嘴唇收集草叶为食。

犀牛每天大部分时间都在进食。

好奇心

有蹄类动物是如何生活的？

有蹄类动物都是大型的食草类动物，它们分布在世界的各个角落。在食肉动物眼中，有蹄类是最理想的盘中美味，而为了抵御这种威胁，有蹄类动物一般都采取群居方式生活。

大多数的有蹄类动物身体都具有保护色，而且非常善于奔跑，例如瞪羚和叉角羚。而另一些则在头上长出尖利的角作为自卫武器，如牛、鹿和犀牛，而这些角也是雄性在繁殖季节为争夺雌性而进行决斗的武器。在非洲，许多种类的有蹄动物为了躲避干旱，会根据季节的变化，为寻找新的食物来源和栖息地而进行大规模的迁徙。

为寻求水源和食草，角马等等动物正在进行定期迁徙。

刚生出的鹿角叫作鹿茸，外面包着有绒毛的皮肤，皮肤里有血管大量供血。随着角的长大，外皮会干枯脱落。

为什么说鹿角的大小与鹿的年龄有关？

雄鹿每年会长出新的鹿角。每年的1月至4月，雄鹿的旧鹿角会脱落，而3月至7月，一副新的鹿角会逐渐长出。而且，每副新鹿角都会比去年的那副在体积和分支数上有所增加。

鹿角的每一次增大，分支的每一次增加都标志着它的主人更加健壮，占有异性的能力也越强。实际上，在求偶季节，雄鹿间的战斗仅发生在两只雄鹿的鹿角旗鼓相当或均无法说服对方放弃的情况下。

鹿的种类众多，以常见的欧洲马鹿（*Cervus elaphus*）为例，它的体长可以达2.5米，体重约200千克，主要分布在北美、欧洲和亚洲的温带森林及针叶林中。

生命如何运转

什么是反刍？

很多偶蹄类动物，例如野牛、羊、骆驼和长颈鹿，它们的胃都分为四部分，即瘤胃、网胃、瓣胃和皱胃。反刍动物采食一般比较匆忙，大部分食物仅经过一个简单的咀嚼就直接吞入瘤胃。在这里，植物中的纤维素被消化掉，而后进入第二个胃——网胃。在网胃中，食物被分成一束一束的，再返回口腔中重新进行仔细咀嚼，只有再咀嚼过后才会通过食道进入瓣胃和皱胃，并在这里通过胃液完全消化。

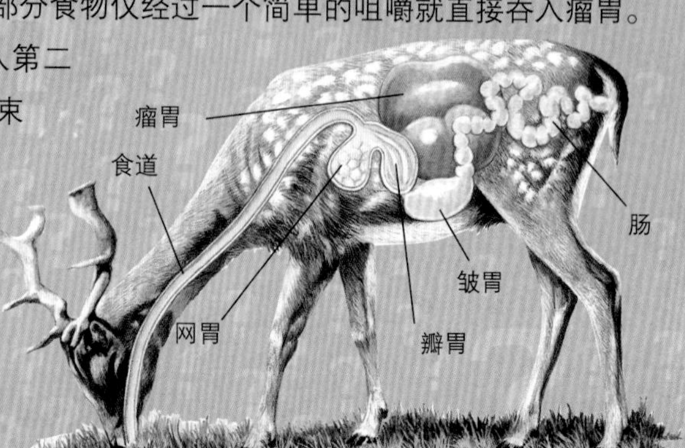

鹿的消化系统。

为什么说河马其实比狮子还危险？

在遥远的非洲，致命的危险无处不在：蚊子传播的可怕疾病，蝎子和毒蛇的致命一击，而河马伤人的事件也屡见不鲜，每年平均会造成3000人死亡。

河马（*Hippopotamus amphibius*）是最具攻击性的大型哺乳动物，它们体长可达4米，体重约3吨，在非洲未经破坏的水域中，河马总是以十几头为单位在一起出没。别看它们身体庞大，其实河马无论在水中还是在陆地上都行动敏捷，一张强有力的血盆大口和超过50厘米的獠牙，足以给任何对手致命一击。

为什么长颈鹿的腿和脖子都那么长？

长颈鹿（*Giraffa camelopardalis*）和霍加狓（*Okapia johnstoni*）有一定的亲缘关系，仔细观察霍加狓会发现，它们主要通过有力的舌头来吃植物的嫩芽、树叶和果实。长颈鹿的食性与之类似，但它更喜欢去吃树木上端那些其他食草动物够不到的植物部分。恰恰是这种食性的驱使，经过漫长的进化过程，长颈鹿祖先中那些腿更长、脖子更长的个体在自然选择中逐渐胜出，它们的这些“优势”也一代代得以保存和加强，最终使长颈鹿有了一副长脖子和长腿。现在的长颈鹿身高超过5米，体重可达1吨。

左图：一只河马张开血盆大口，以示威胁；右图：在非洲荒原上漫步的长颈鹿是极具地域特色的一道风景线。

为什么叉角羚的身体会反光?

当叉角羚（*Antilocapra americana*）发现危险临近时，为了给同群的伙伴们发出警报，它们会竖起背部的一片皮毛，形成一个闪亮的白斑，这能够很好地反射光线，使同伴在很远的距离都可以看到。叉角羚是除非洲猎豹外跑得最快的陆生动物，在全力逃避郊狼和美洲狮的攻击时，它们可以跑出每小时90千米的高速。而且和许多其他短跑冠军不同，叉角羚的耐力也非常持久。叉角羚体长约1米，重约50千克，生活在北美的中西部地区。

为什么双峰驼和单峰驼经常被人们搞混?

这是因为人们习惯上把一切有驼峰的动物都统称为骆驼，而不注意它的驼峰有几个。单峰驼（*Camelus dromedarius*）主要分布在北非和中东地区，因此又被称为阿拉伯骆驼。而与之相对的，双峰驼（*Camelus bactrianus*）在背部有两个驼峰，它们的毛更为粗糙，脚掌更短。广泛分布在从土耳其到蒙古的整个中亚荒漠地区。

无论是双峰驼还是单峰驼，它们的驼峰功能都是一样的，即主要储存脂肪、蛋白质和水，以备不时之需。

上左图：叉角羚；上右图：双峰驼；
下图：一群单峰驼。

大羊驼为什么会向人吐口水?

大羊驼（*Lama glama*）和骆驼是近亲，只是它没有骆驼那样的驼峰而已。这种可爱的动物有个坏毛病：每当它感到危险时，就会向威胁者吐口水。事实上，这是它们一种有效的防御方法。它们的口水中含有大量唾液和尚未消化的食物残渣，具有很强的酸性并能发出一种刺鼻的气味。

大羊驼是一种反刍动物，体长约两米，体重约100千克，原产南美洲西部地区。今天野生状态下的大羊驼已经基本消失了，它们那一身为抵御严寒而进化来的羊驼毛，柔软舒适，受到人们的青睐，所以大羊驼早已成了南美地区一种重要的产毛家畜。

大羊驼的毛色可以是白色、黑色、棕色或它们的混合颜色。

牛羊是何时被人类驯化的?

我们一般所说的牛，包括黄牛和水牛，以及一般提到的羊，包括山羊和绵羊都是在距今约8000年前被人类驯化的。人类驯化它们的主要目的是希望得到稳定的奶类和肉类来源。

骏马的世界

现在世界上所有种类的马（*Equus ferus*）都属于马科的马属，最常见的就是家马。顾名思义，家马的生活和劳作与人类密不可分。我们如今在野外也能看到一些自然生存状态下的马，但它们其实仍是野化了的家马，也就是那些从人类饲养下逃走、重返自然的家马。目前世界上，只有在亚洲的很小一个区域里还有真正的野马存在，但数量已经非常稀少。

马群与后宫

在野外生活的马一般会结群生活，在马群中有一匹头马，它是马群的首领和统治者，群中所有的母马都是它的后宫成员，它有权和任何一匹母马交配。群中的其他公马，特别是年轻的公马可以选择留在本群中或离开。事实上，大多数小马驹一旦成年后都会选择离开自己出生的马群去闯荡天下，力争组建属于自己的后宫，或加入那些只有公马的马群。

普氏野马

蒙古野马因被俄国军官普尔热瓦尔斯基氏发现，又被称为普氏野马（***Equus ferus przewalskii***），这种野马浑身鬃毛粗短，在各方面都非常类似于家马的祖先。目前在全球仅存几百只，除了在动物园中圈养的之外，仅在蒙古草原和中国新疆还有少量野生个体存在，而这也是在上个世纪通过人工方式重新引入的。

柯伯马

柯伯马是家马和已经绝迹的欧洲野马的混血后代。它们身高（地面到肩）不超过140厘米，体重约350千克，今天主要用于负重或被马戏团使用。

通过厮打和竞争，年轻的公马会在“单身汉马群”中逐步完成它们的身体和社会“培训”，直到它们成功地找到可以交配的母马或击败附近马群的头马，拥有自己的后宫。

马为什么翻嘴唇?

我们经常会看到马把自己宽大的上嘴唇翻卷过来，这样可以更好地促进带气味的物质进入一个称为犁鼻器的嗅觉辅助器官，从而提高嗅觉感知能力。

彼此清洁

马从出生后第二周起就会互相清洁对方的身体，这样做除了卫生的需要外，还可以加强马群成员间的相互熟悉和信任。

母马的关键作用

在一个马群中，一般是由一匹年长的母马而非头马来充当全体的向导，它负责带领马群在牧场间转移，决定行军和休息的节奏。

鲸目和海牛目

为什么说座头鲸会唱歌？

和其他鲸类动物一样，座头鲸（*Megaptera novaeangliae*）之间是依靠低频声波来相互联系的，而它们的歌声比其他任何鲸类都要复杂得多。研究发现，雄座头鲸每年约有6个月的时间整天都在唱歌，其歌声中敲击音与纯正音的比例与西方交响乐非常类似。这种庞然大物至少能够发出7个八度音阶的音。而且座头鲸还十分擅长用一种人类歌唱家常用的方式演唱，即先演唱一段旋律，接着进一步阐述，然后再回到稍加改变的原旋律上来。来自不同地区的座头鲸相遇时，还会进行“艺术交流”。这些歌声的主要用途是在繁殖季节，雄性呼唤雌性的“情话”。这种方式十分有效，因为它们的歌声在水中甚至可以传播几百千米的距离。座头鲸以小群为单位分布在世界各主要海洋中，它们的体长可达15米，重达40吨。

为什么说蓝鲸是世界上最大的动物？

因为这种庞然大物的体长可以达20～30米，体重达150～200吨，大约相当于20只大象的重量，或是已知最庞大恐龙体重的一倍。蓝鲸（*Balaenoptera musculus*）体型特征明显，全身体表均呈淡蓝色或鼠灰色，背部有淡色的细碎斑纹，胸部有白色的斑点，头部相对较小而扁平，有2个喷水孔，从上唇边到喷水孔的背部形状独特，与其他鲸类明显不同。

上图：一头换气的蓝鲸；下图：座头鲸。

鲸在水中是如何呼吸的？

鲸是哺乳动物而不是鱼，因此它们和所有哺乳动物一样是用肺来呼吸的。为了在深海中潜泳，鲸每过一段时间就需要到海面上来换气。鲸的“鼻孔”叫做喷水孔，一般都长在背部靠近头顶的地方。有些鲸只有一个喷水孔，而另一些鲸则有两个。很多见过鲸换气的人都认为，鲸换气时从喷水孔射出的是一股水柱，其实不然。鲸类换气时，喷出气水混合物，主要是吐出体内大量压力很大和温度较高的废气，这股吐气的力量很大，会把鼻槽里的海水也跟着喷射出来，呼出的气流遇到外界较低的气温就化成水汽，形成一股美丽的喷泉，称为“喷潮”。

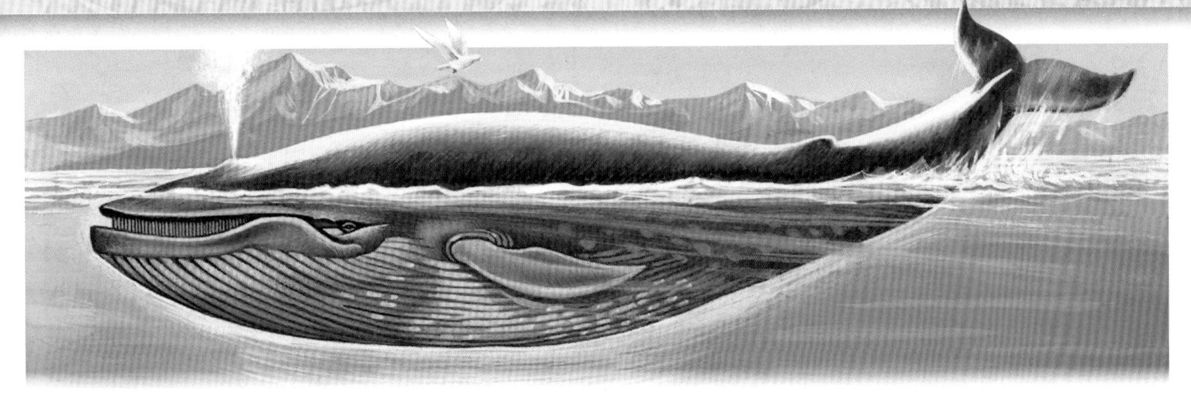

蓝鲸在全球各大海洋均有分布，一般以夫妻或小群活动。蓝鲸主食磷虾，还有其他虾类、小鱼、水母、硅藻，以及各种浮游生物等。一头蓝鲸每天大约要消耗3吨食物。

为什么海牛和儒艮会成为希腊神话中人鱼的原型？

因为这些海洋哺乳动物的乳房和人类一样长在胸部，而它们的母兽也会用前肢托起幼崽，放在胸前喂奶。古代的海员远远看到这种景象，进而创造出了人鱼的故事。

儒艮（*Dugong dugon*）体长约3米，体重约500千克。它们以多种海生植物为食，一般白天或晚上都会进食，每天有很大一部分时间用在摄食上。它们主要分布在东非直到澳大利亚的暖水沿岸地区。最为常见的海牛当属加勒比海牛（*Trichechus manatus*）。它们的体型与儒艮类似，主要生活在加勒比海和南美洲东北部的海域。它们主要以海生植物为食，但也会吃一些小型鱼类。

海牛一次憋气可以达20分钟。

分类学知识

鲸目和海牛目包括哪些种类的动物？

鲸目的成员主要是一些已经完全适应了水生环境的肉食类哺乳动物。它们的后肢已经退化，几乎完全看不到了，而它们的前肢已经演化为划水的鳍，在水中向前的动力则主要来自已经特化的尾巴。鲸目又可以细分为两个亚目：齿鲸亚目和须鲸亚目。齿鲸亚目，顾名思义就是那些有牙齿的鲸类，主要包括抹香鲸、海豚和逆戟鲸；而须鲸亚目则是那些没有牙齿的鲸类，如蓝鲸、长须鲸和座头鲸。须鲸的牙齿已经特化为口中的鲸须板，它可以从吸进口中的水中过滤出细小的生物，供须鲸食用。海牛目又可细分为海牛科与儒艮科，它们的特点是体型远比鲸类要小得多，全部是食草动物，而且不像鲸类那样生活在开阔的大洋中，而是生活在海岸地区或淡水水域。

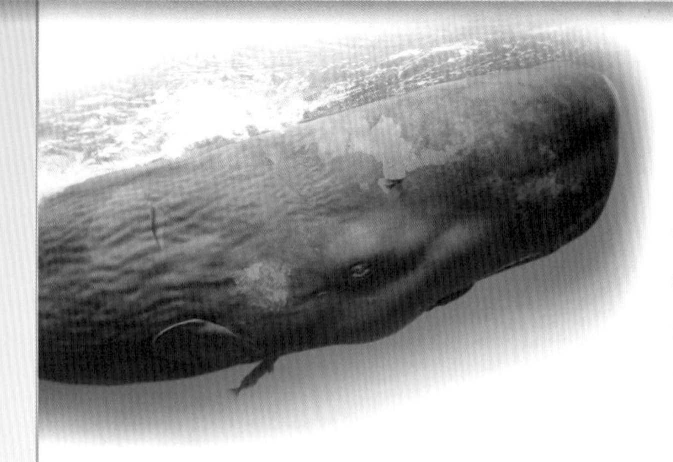

什么是鲸脑油?

鲸脑油是一种白色的油蜡性物质，主要存在于一些鲸类，特别是抹香鲸的脑部腔室中，并因此而得名。正常情况下，鲸脑油储存于抹香鲸头部一个被称为“抹香鲸脑油器”的腔室中，该器官与鲸脑油的功能目前还没有确实的答案。在过去很长的时间里，鲸脑油主要用于制作化妆品、药物、灯油或作为工业润滑油使用。

为什么说抹香鲸是多项纪录的保持者?

抹香鲸（*Physeter macrocephalus*）是世界上最大的有齿动物，它是已知最成功的潜水冠军。为了捕食鱿鱼，抹香鲸一次下潜可以达到2000米的深度，时间超过2小时。它能在水中发出一连串很大的声音，因此被称为世界上最吵闹的动物。它的大脑是所有动物中最大的，重量可以达9千克。

抹香鲸的体长可达20米，体重约50吨。19世纪美国著名小说家赫尔曼·麦尔维尔的小说《白鲸》中的主角莫比·迪克，就是一头巨大的抹香鲸。

海豚为什么会跃出水面?

很多种鲸类都有跃出水面的习惯，它们有时是全身，有时是部分身体，有时是头部出水，有时是腹部、体侧或背部出水。而在水中行动非常敏捷的海豚则能完美地完全跃出水面，并在空中完成各种动作。

海豚为什么会跃出水面，至今科学界看法不一。有的认为这是显示力量或求偶的表现；有的说是为了惊吓鱼群以便从中捕食；还有一种更为简单的说法，认为这纯粹是海豚们自娱自乐的游戏。

最为常见的海豚种类叫作真海豚（*Delphinus delphis*)），它们体长一般为2.5米，重约200千克，分布在全球的各个温带和热带海洋，主要以鱼类和鱿鱼为食。

两只跃出水面的海豚。

为什么虎鲸有海中杀手的恶名？

虎鲸（*Orcinus orca*）又名逆戟鲸，是大洋中最为凶猛的掠食动物。它惯常以企鹅、海豹、海象和鲸鱼为食，即使是可怕的大白鲨也不是它的对手。

虎鲸是一种群居动物，鲸群中的每个个体都有所分工。有的会负责捕杀猎物，有的要负责寻找猎物，而有的则负责照顾幼鲸。

虎鲸一般体长在9米左右，体重约10吨，在全球的各个海域都有分布。

虎鲸与海豚有较近的亲缘关系。

好奇心

鲸类到底有多聪明？

哺乳动物大脑的体积，特别是其外部大脑皮层比其他动物要发达得多。而大脑皮层是创造和推理过程的主要执行者，因此它的发达程度直接决定了动物的聪明与否。鲸类的大脑体积很大，大脑皮层也十分发达，因此它们被认为是一群聪明绝顶的动物。它们可以通过复杂的语言方式来彼此沟通，群体中也已经出现了分工和社会关系。其中，海豚有事最聪明的，它们可以准确地对人所发出的不同声音和动作做出回应，能学习一些非常复杂的游戏和练习。而且有证据显示，海豚可以准确地将信息在不同个体间进行传递。

为什么独角鲸是一种充满传奇色彩的动物？

所有的独角鲸（*Monodon monoceros*）都在上颚有两颗牙，而雄性独角鲸在一岁后，左牙开始呈螺旋状从上嘴唇向外生长，长度可以达3米，远看就像中世纪重装骑士的长矛一样。很有可能是维京海盗最早将这种动物的牙齿带到了欧洲，而在中世纪，独角鲸的牙经常被人们误认为是神话中独角兽的角而被倍加推崇。医生们相信把此角磨成粉能包治百病。

成年的独角鲸体长一般在4～5米，体重在500千克左右。它们小群地在北极海域活动，主要以鱼类、乌贼和甲壳类动物为食。

一张罕见的独角鲸全身照。

熊科和鼬科

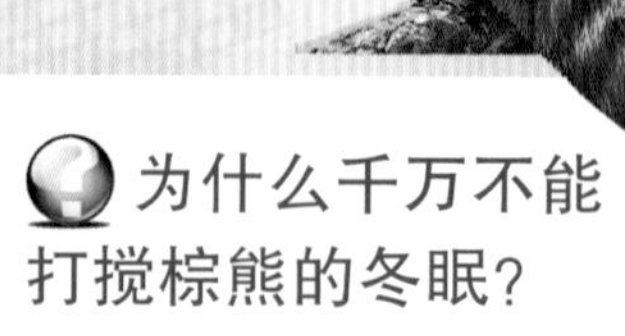

上图：浣熊在休息；下图：一只成年浣熊在幼崽面前把食物放在水中。

为什么小浣熊常被认为是爱干净的动物？

小浣熊（*Procyon lotor*）的前腿上有五个脚趾，脚趾之间能够分开，也能像手一样抓住东西，而它们又有在进餐前先把食物在水中洗干净再吃的习惯，因为人们经常可以看到浣熊坐在水边清洗自己的食物，或把食物放在树叶上擦拭，于是也就得出了浣熊爱干净的印象。

浣熊是攀爬和挖掘的能手，它主要以鸟卵、水果、昆虫、鱼类和小型哺乳动物为食。它们一般体长50厘米，体重8千克，对环境的适应能力很强，分布在从加拿大到中美洲的广大地区。

为什么千万不能打搅棕熊的冬眠？

冬眠是熊类动物为安然过冬而进入的一种深度睡眠。每当冬季临近，棕熊（*Ursus arctos*）都会挖好洞穴，用干枯的树叶为自己铺一个舒服的床，然后美美地睡去。

但是万一在冬眠期间被不幸吵醒，那很可能会给棕熊带来生命危险。因为它们会在本能驱使下离开地洞去寻找新的、安静的地点。而如果恰逢严寒的冬季，它们很可能会冻死在户外。棕熊主要分布在北美、欧洲和亚洲的山地针叶林地区，那里的冬季是极其寒冷的。

棕熊不是攻击性很强的动物，棕熊伤人是很罕见的现象。

棕熊是最大型的陆生食肉目动物之一，它们的体重可达700千克，身高可达3米。它们的嗅觉非常灵敏，可以在几千米外就发现猎物的踪迹。它们的食性很杂，可以吃植物根茎、果实、块茎、昆虫、小型脊椎动物和鱼。

大熊猫是攀爬的高手。

时至今日，野生大熊猫（*Ailuropoda melanoleuca*）仅存在于中国中部的几块很小的区域里。这种珍稀的动物与熊科具有较近的亲缘关系，因此在分类中被划归食肉目。但它却是该目的一个特例，因为大熊猫几乎只吃某些竹子的嫩芽。目前对于这种生物生存的最大威胁，莫过于人类的乱砍滥伐，导致适合于大熊猫的栖息地正在迅速消失。

大熊猫体长约2米，重150千克。它与熊类最大的区别在于大熊猫从不冬眠。

为什么大熊猫被称为最受瞩目的濒危动物？

这是因为全球最重要的濒危动物保护组织——世界自然基金会自1961年成立起就将大熊猫选作其标志。

食肉目又该如何细分？

食肉目大约包含了250种不同的哺乳动物，它们共同的特点是拥有一副适合其食性的特殊牙齿，即食肉齿。所有食肉目动物嘴巴的前部，都生有几对尖锐有力的门齿和犬齿，称为裂齿，它们异常粗大，长而尖，颇为锋利，足以杀死和撕碎猎物。而在嘴巴的后部长着坚固的臼齿和磨齿，可以将猎物的肉、韧带和软骨等切断切碎。

在食肉目之下，数量种类众多的陆生掠食者们被归入裂脚亚目，而另一些相对数目较少的海生肉食动物则被归入鳍脚亚目。食肉目成员的体型和外观根据不同的种和属千差万别，既有轻盈的伶鼬（世界上最小的食肉动物，体重只有250克），也有庞大的海象。

为什么北极熊的毛色并非是白色的？

北极熊（*Ursus maritimus*）的每根毛其实都是无色透明的中空小管子，当它们聚集在一起时会构成反射可见光的晶体状结构，使它看上去像雪一样白。而在夏季，由于氧化作用，北极熊的毛色也可能会变成淡黄色、褐色或灰色。阳光中的紫外线在穿过这些小管时会有效地对北极熊的身体起到加热作用。同时北极熊的皮下脂肪层很厚，血液循环系统也异常强劲。这一切都保证了北极熊能够在零下50℃的北极冰海环境中得以生存。

上图：北极熊一般都是单独行动的，但在交配时期，它们也会成小群活动。

北极熊体长一般在3.5米，重约900千克，是最大的陆生食肉动物。它们主要以鸟卵、鸟类和哺乳动物为食，特别喜欢在海中捕食像海豹这样动作敏捷的海生哺乳类动物。

北极熊的嗅觉极其灵敏，在几千米外就可以锁定猎物。

分类学知识

熊科和鼬科包括哪些动物？

熊科最常见的代表，毫无疑问就是棕熊了，这些动物的适应力很强，从赤道直至北极都能看到他们的身影。这些动物都有粗大的毛发，短尾巴，有足以把猎物撕成碎片的锋利牙齿和爪子，它们的嗅觉和听觉也非常发达。它们一般在白天出来打猎，也吃会地衣、根茎和浆果。与此相反，鼬科动物都是体型偏小的夜行动物，它们身材细长而柔软，牙齿细小，有尖利的犬齿和细碎的臼齿。它们的代表包括水獭、貂、臭鼬、猫鼬等。当然也包括一些胖乎乎、像玩具熊一样可爱的小动物，比如狗獾和猪獾。

左图：熊妈妈和小熊；中图：貂。

上图：雪貂；下图：印度灰獴大战印度蟒。

为什么鼬类动物会放出恶臭？

鼬科又叫貂科，该科动物为中小型食肉兽类，分布几乎遍及澳洲、南极洲以外的世界各地。大多数鼬科动物身体细长、灵巧，只有獾和貂熊的身材比较臃肿。其皮毛多呈棕色或黑色，有些有斑点、条纹等，尾和四肢比较短。所有鼬科动物均有发达的肛腺，它们使用其分泌物来标志领地，许多鼬类还以肛腺的恶臭分泌作防御武器。一旦感到威胁，就立刻放出一阵极其难闻的恶臭，足以使任何掠食者望风而逃。

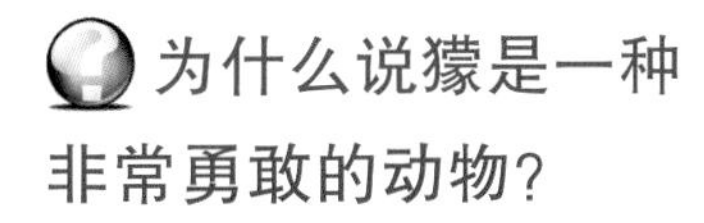

为什么说獴是一种非常勇敢的动物？

大无畏的勇气直冲霄汉，鼓舞着这个勇敢、狡猾而又无情的猎手去和凶狠的眼镜蛇展开殊死的搏斗。捕蛇英雄小獴里奇-迪奇大战眼镜蛇——这是作家拉迪亚德·吉卜林在其《丛林故事》一书中最扣人心弦的情节。

得益于锋利带钩的爪子和牙齿，以及异乎寻常的敏捷和快速，獴主要捕食昆虫、蠕虫、两栖动物、爬行动物、鸟类和啮齿类，有时也吃果实和种子。它有时还会用前腿把鸟卵砸在石头或木头上，以打碎蛋壳。

獴的种类很多，它们长约20～60厘米，广泛分布在非洲、欧洲、伊比利亚半岛和部分南亚地区。

犬 科

上图：澳洲野犬；下右图：一小群狼；
下左图：非洲野犬。

为什么狼群留下的脚印极具欺骗性？

作为一种家族性群居猎手，狼总是结群生活的。一个狼群一般由2～20只不等的狼组成。狼群在移动时有个鲜明的特点，它们一般成一字纵队在头狼的带领下前进，每头狼都会丝毫不差地踩在头狼的脚印上，因此仅从足迹上是无法判断狼群大小的。

狼（*Canis lupus*），又称灰狼，体长一般为1.5米，体重约50千克。它们有繁多的亚种分布在北半球的各种环境条件下，从北极苔原直到阿尔卑斯山林。但由于受到近几个世纪来人类活动的影响，它们的总数正在迅速减少。狼主要以捕猎野生有蹄类动物为食，食谱包括野猪、鹿等，也会袭击其他小型哺乳动物和人类饲养的家畜。

为什么说所有的澳洲野犬很可能都来自同一只雌性祖先？

澳洲野犬（*Canis dingo*）是一种非常罕见的澳洲犬科动物，它的外观与狼非常近似。根据科学家们的研究，澳洲野犬的祖先很可能是来自东南亚地区的家犬。通过将澳洲野犬的DNA与其他大陆的狗和狼作比较，结果显示澳洲野犬的祖先应该是一个规模很小的亚洲犬类种群，甚至很可能只来自其中的一只雌犬。这个小小的狗群大约是在距今5000年前后在澳洲登陆的。

什么动物是最大的非洲犬科动物？

毫无疑问是鬣狗非洲野犬（*Lycaon pictus*），其体长约1米，重30千克，其毛发上带有各种颜色的色斑，很容易通过色斑进行辨别。

上图和中图：北极狐在冬季和夏季的不同毛色。

 为什么北极狐会改变颜色?

北极狐（*Vulpes lagopus*）又称蓝狐，是北半球经常见到的赤狐（*Vulpes vulpes*）的近亲。经过长期进化，它们已经完全适应了极地高寒的生活环境。当冬季来临时，北极狐会穿上一身又厚又软的皮毛，既可以抵御低温严寒，又可以和银装素裹的极地景象浑然一体。而春夏到来，冰雪消融，地衣类植物铺满裸露的地面时，北极狐的毛色会逐渐变深，呈现为青灰色。一般的北极狐体长约50厘米，体重约5千克，主要以小型哺乳动物为食，但也不放过昆虫、鸟卵、鱼类和鸟类。

耳廓狐为什么会长一双大耳朵?

耳廓狐（*Vulpes zerda*）也叫非洲小狐，生活在北非、西奈半岛和阿拉伯半岛的沙漠戈壁地区，是现存最小的犬科动物，如小猫一般大小，但耳朵却可长达15厘米。这双大耳朵是在长期的自然选择中形成的，通过它可以散热，以适应沙漠干燥酷热的气候，同时还可以在静谧的沙漠中捕捉到轻微的声响，对周围的微小声音迅速作出反应。

耳廓狐的脚掌上也生有毛发，这有利于它们在松软的沙地上跑动。它们一般会选择在凉爽的夜间外出活动，以种子、果实、昆虫、鸟卵和爬行动物为食。

耳廓狐一般都成小群活动。

分类学知识

犬科包括哪些动物?

犬科大约包括34种不同的肉食动物，包括狗、狼、豺、狐狸等。它们是地球上进化得颇为成功的一类哺乳动物，分布在世界各地。它们都是四足的毛皮动物，敏捷而强壮，善于奔跑且嗅觉和听觉十分发达。它们一般都是群居动物，出于寻找食物和保卫领地，特别是联合捕猎的需要，它们的群落中有明显的社会性组织存在。犬科中的个别成员也吃植物和腐肉，例如豺狗和非洲豺。

一只可爱的混种狗。

狗为什么会在大便后用力蹭地，又为什么喜欢在粪便上转圈？

狗会在大便后用后腿在地面上用力地蹭，这和猫科类动物掩埋自己粪便的行为是不同的。猫科动物一般很爱清洁，它们在大便后会用土将自己的排泄物掩埋起来。而狗是领地意识很强的动物，它们要通过这种方法将自己爪下汗腺的气味留在地面上，使其他经过的狗得到一个明确的领土信息。

相反，狗喜欢在其他动物的粪便等气味浓重的东西上转圈则是继承于狼类祖先的一个方式，一种与捕猎有关的习惯。它们希望借此使自己的气味变得混乱不清，从而欺骗猎物的嗅觉。

为什么公狗会抬起腿来撒尿？

狗类撒尿的方式本身包含了很多重要的信息，例如它的年龄、性别和繁殖情况。雄性狗和个别雌性狗，依靠自身尿液的气味来标明自己的领地范围。因此，它们在撒尿时会将后腿抬高，以便使尿液能恰好留在其他狗的狗鼻子高度上，使它们能更好地辨别。

小狗有时会仰卧在地上，这是在告诉你它已经准备好执行你的命令了。

历史与文化

为什么说狗是人类最好的朋友？

我们今天所熟悉的家狗，它们的祖先是大约在1万年前被人类所驯化的某种狼。在其后漫长的岁月里，狗儿们忠心耿耿地帮助人类捕猎，放牧家畜，保卫财产，它们以自己的勇气、忠诚和奉献精神赢得了人类的友谊，成为人类最可靠的动物伙伴。经过无数次的选种和杂交，今天我们人类已经成功地培育出了极其繁多的家狗种类。其中不乏体型硕大的意大利凯因克尔索犬，它们于4世纪首先在罗马培育成功，如今已经广布于全欧洲。还有身体袖珍的吉娃娃犬，它们最早出现在墨西哥，但起源至今还是个谜。

苏格兰牧羊犬。

狗为什么有时会吃草叶，为什么在躺下前要先围着自己绕圈?

狗作为人类所驯养的掠食动物已经习惯于吃掉所有摆在它面前的食物或是主人给的残羹剩饭。如果我们放任它们自由奔跑，你会发现它们经常停下来去咀嚼草叶。这样做有时纯粹是为了吃一点色拉菜调节口味，而有时则是为了快速地将胃中不舒服的食物吐出来。

而狗们在睡觉前总要先转上两圈的行为，则来自它们的野生祖先。在自然状态下，这种做法可以踩平杂草，为自己营造出一个舒服睡觉的小窝。

好奇心

哪个品种的狗分布最广?

我们在日常生活中所能见到的大多数狗都是混种狗，也就是不同种类狗杂交所产生的后代，或者是由混种狗父母所生的小狗。如今在全世界分布最广的狗种要数德国牧羊犬了，它们又因为体貌类似野生的狼而被称为狼狗。这种狗的起源并不古老，大约是在19世纪由德国符腾堡牧羊犬和图林根牧羊犬培育产生的。这种狗非常强壮，易于训练，体态漂亮，性格温顺。它们最初被用于保护羊群，而今天则被训练来承担各种任务，包括急救、协助病人或是搜查毒品。

左上图：卧在草丛中的小狗；
右图：金毛寻回犬。

狼行天下

和许多群居的肉食动物一样，狼结群生活并相互协作捕食大型哺乳动物。当然，也会有一些个体会在一定时期内单独生活，这主要是一些刚刚成年的狼，它们离开了原先的狼群，独自去寻找新的领地和配偶，或是一些老狼，它们和家族失散或被原有狼群逐出门户。这些孤狼一般有意与同类保持距离，经常以动物的尸体为食。

领 地

狼群一般总是在一个相对固定的领地中游走，这个领地的面积以能保证足够的食物来源为准，一般为150平方千米左右。这个领地的边界通常会被用尿液和粪便明确标出，对于那些无视边界而进入领地的同类，狼群往往会痛下杀手。

两性共治

每个狼群一般都有雌雄两只头狼，它们在群中都享有优先交配和享受食物的特权，被认为是两性共治。

抚育后代

一只母狼一般会一次性产下6只幼崽。在最初的三周内，这些狼崽又聋又瞎，完全依靠母狼的奶水过活。3周后，小狼开始能够吃其他食物了，它们的母亲以及狼群中的其他成员会在狩猎后专门留下部分食物喂养小狼。

狼 群

狼的基本社会组织是狼群，它由一些一起行动、一起狩猎、相互合作获得食物、共同保卫领地、一起抚育后代的狼组成。小狼们一般在出生后8周就能走出巢穴，跟随狼群一起行动，并通过不断的模仿来学习各种生存技能。

捕 猎

狼群的大小取决于领地中食物丰富的程度，狼群成员的最小数目必须保证能有效地发现和捕杀猎物，而最大不能超过食物资源所能承受的上限。

相互的关系

狼群的核心是一对雌雄头狼，它们是固定的配偶并共同抚育幼崽。年轻的狼崽会经常在一起打闹，这也是它们学习扮演社会角色的一种练习。

狼 嚎

狼总在高声嚎叫，每群狼的叫声都不完全相同。这种叫声有很多功能，如可以向附近的狼群宣示自己的领地，用于成员间的沟通联系，呼唤远方的同伴，寻找走失的伙伴，重申群体中的纪律，加强狼群的凝聚力等。

猫 科

 为什么说猎豹是短跑冠军?

猎豹(*Acinonyx jubatus*)这种大型猫科动物的奔跑速度很快，可以在6秒内跑完100米，也就是速度超过每小时100千米。生活在非洲草原上的猎豹一般以追捕有蹄类动物为生，但是尽管它们的速度很快，却缺乏耐力。它们必须一次就能捕获猎物，否则经过反复追击而气力用尽的话，也很容易成为其他掠食动物的目标。猎豹体长一般为1.5米，重约70千克，背部颜色淡黄，腹部通常是白色，全身都有黑色的斑点。猎豹从嘴角到眼角有一道黑色的条纹，这个特征可以用来区别猎豹与豹。相对而言，豹没有猎豹跑得快，但更为健壮，它的毛色呈浅黄、金黄、黄褐等不同的颜色，浑身布满圆形斑纹。

为什么虎喜欢突然袭击?

虎(*Panthera tigris*)是亚洲森林和山地中数一数二的掠食动物，它们捕猎的方式主要是伏击。虎的毛色为浅黄或棕黄，布有黑色横纹，因此在树木的暗影中很难被发现，而它们的爪部有厚厚的肉垫，可以悄无声息地接近猎物，然后突然跃出，攻击猎物背部。它先用爪子抓穿猎物的背部并且把它拖倒在地，再用锐利的犬齿紧咬住它的咽喉使其窒息而死。杀死猎物后，虎会将猎物拖至僻静处慢慢享用。虎一次就可以吞下40千克的肉。

孟加拉虎体长约2米，体重200千克，它在所有老虎亚种中存量最多，分布最广。而它的表亲东北虎(也称西比利亚虎)是体型最大的虎，体长为3米，体重300千克。东北虎今天已经非常罕见，其淡黄的毛色和丰满的身躯非常适应严寒的气候。

上图：一只印支虎；
下图：猎豹的一家。

为什么说吼叫声和长鬃毛是百兽之王的象征？

狮子（*Panthera leo*）是非洲草原上当仁不让的统治者，它们一般成小群生活。每个狮群大都由一只或少数几只雄狮，带领着一群母狮和它们的幼崽构成。狮群的分工是明确的，母狮负责打猎和抚养、教育幼崽，而雄狮则只负责保护狮群领地不受同类觊觎。因此，母狮要比雄狮更轻巧敏捷，而雄狮则在头部发育出粗毛组成的鬃毛并能发出可怕的吼声，以此来吓退其他狮群中的雄性。

狮子一般体长2.5米，体重约200千克。

左图：狮子；
右图：猞猁。

为什么猞猁的耳尖耸立着丛毛？

猞猁（*Felis lynx*）也叫山猫，它的两只直立耳朵的尖端都生长着耸立的深色丛毛，很像古代军队头盔上的翎子，为其增添了几分威严的气势。这些毛也叫作笔毛，它可以随时迎向声源的方向，像耳廓一样具有收集声波的作用，可以帮助猞猁在夜间捕食时根据极细小的声音对猎物进行定位，如果失去笔毛，猞猁的听力就会受到影响。

猞猁的体型看上去就像一只有斑点的大猫，体长约1米，体重约20千克，生活在欧洲和亚洲北部的山地及温带针叶森林中。

分类学知识

猫科包括哪些动物？

猫科是食肉目中肉食性最强的一科，体型因种类不同而差异很大。它们的身体粗壮而灵活，由于鼻子和下颌比较短小，所以显得脸部很大。猫科动物一般舌头粗糙，眼睛有圆形的瞳孔并可随光线的变化而收缩。它们的感觉很灵敏，尤其是视觉和听觉。它们一般都是夜行的掠食者，喜欢独来独往。猫科动物捕猎的方式主要是跟踪和伏击，它们的猎物主要是小型脊椎动物、鸟类及体型比它们大的哺乳动物。猫科动物已经成功适应了地球上的各种环境，并演化出许多不同的种类，主要有猫亚科，包括家猫、猞猁、猎豹和美洲狮；豹亚科，包括狮子、老虎、豹子和美洲豹。整个猫科大约有50多种动物。

一头黑色的美洲狮和一头美洲豹。

为什么猫的爪子会伸缩?

猫科类都属于趾行动物，也就是以四足脚趾的末端两节着地行走或奔跑的动物。猫科动物的前肢有5个趾，而后肢有4个趾，每个脚趾都长有利爪。

除去猎豹外的所有猫科动物，它们的趾尖利爪都是从脚趾的最后一块骨头长出来的，呈钩型。为了确保这些利爪在行进当中保持锋利且不被折断，并使猫科动物悄无声息地行走，利爪在大部分时间里都会收缩在厚厚的脚掌之下。猫科动物也常常通过在粗糙表面抓挠或用牙咬来使这些利爪保持锐利。

小猫一般是在出生4周后学会收缩爪子的。

生命的秘密

猫的触须有什么用途?

和许多哺乳动物一样，猫科动物在嘴巴两边长有触须。猫的触须是重要的触觉感受器，能灵敏地觉察到气流的变化，向猫提供周围环境的详细信息，同时可以在黑暗中准确地定位可能存在的障碍物。正是因为有了这些触须，猫才能在晚上行动自如，并能在爬过杂乱的地方时，不仅不让自己受伤，而且也不会打翻东西。此外，触须还可以感知空气振动和温度变化，向猫提供周边动物活动的详细情报。

为什么猫咪喜欢打呼噜和伸懒腰?

一般情况下，猫喜欢发出呼噜呼噜的哼声，无论是吸气还是吐气。这种声音表达的是一种满足和自信的意思。事实上，猫咪从很小时就会发出这种声音，小猫用这种方式来和哺乳的母猫沟通，表达自己的快乐和满意。

同样的，伸懒腰也是猫儿们表达舒适的一种方式，小猫咪会在妈妈身上伸懒腰并不停地触蹭母猫的腹部，以便妈妈的乳房能流出奶水。

非洲有一句谚语说：“如果伸懒腰能变出钱来，那猫岂不是富得流油。”

为什么猫咪无论怎么跳都总能用脚着陆？

家猫的祖先是一种生活在森林中的掠食动物，它们主要在树木的枝杈间伏击猎物。因此，家猫从祖先那里继承了非常好的平衡感，特别是从坠落中求生的一种先天本领。

它们的身体前后部分能根据两个不同的轴而各自旋转，因此它们可以在下坠的过程中迅速调整身体位置，做到正面向下。而它们四肢的韧带和肌肉组织柔软而有弹性，能在落地时把对骨骼的冲击降到最低。

为什么所有的三色猫都是母猫？

性别与体色的关系是一个有趣的遗传学问题。哺乳动物的性别是由一对染色体所决定的，当这对染色体相同即为XX形式时，个体为雌性，而当这对染色体相异即XY形式时，个体则为雄性。研究发现，代表身体颜色的遗传信息基因只存在于X染色体上，Y染色体不携带此类基因，且每个X染色体只能携带一种。白色体色实际上是一种无色状态，与体色基因无关，所以只有带有XX染色体的母猫才可能同时拥有除了白色以外的黄色和黑色两种颜色，因此三色猫几乎都是雌性的。

唯一可能出现雄性三色猫的情况，是出现了遗传异常的XXY三个染色体，而这种情况下的个体是不育的。

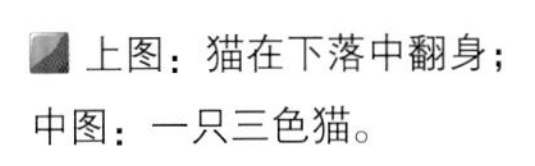
上图：猫在下落中翻身；
中图：一只三色猫。

历史与文化

家猫是何时被驯化的？

传统的观点认为，家猫大约产生于距今4000年前的古埃及。但最新的研究却发现，家猫进入我们人类世界的时间可以追溯至距今1万年前左右的美索不达米亚地区。随着早期人类农业活动的发展，在人类居住区域内的啮齿类动物数量也逐渐上升，而家猫的祖先在充分食物资源的吸引下逐渐靠近人类，最终成为我们可爱的朋友。如今全世界的家猫种类大约有60多种，其中缅因猫是体型最大的种类，体重可以达12千克，而亚洲的新加坡猫则只有2千克重。

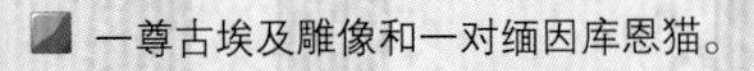
一尊古埃及雕像和一对缅因库恩猫。

鳍脚亚目

海象是群居动物。

为什么象海豹很容易被认出来?

象海豹属是鳍脚亚目海豹科的一个属，主要可分为两种：北象海豹（*Mirounga angustirostris*）和南象海豹。雄性南象海豹（*Mirounga leonina*）不仅是最庞大的鳍脚动物，更是地球上最大的食肉目动物。雄性象海豹会发出非常洪亮的怒吼声，而北象海豹的声音比南象海豹要大得多。北象海豹生活在北美洲西部沿海地区，而南象海豹则生活在南极水域及南大西洋、印度洋和太平洋水域。北象海豹的身体较南象海豹更为短粗。

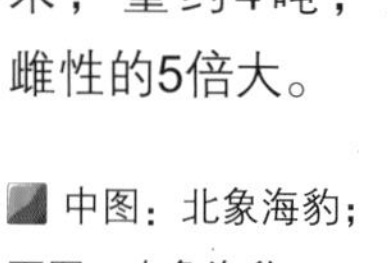

一只雄性南象海豹的体长可达6米，重约4吨，是雌性的5倍大。

中图：北象海豹；
下图：南象海豹。

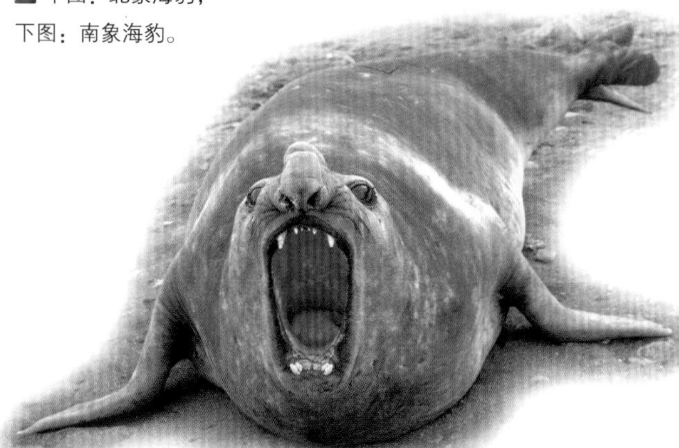

为什么海象有两颗长牙，还长胡子?

海象（*Odobenus rosmarus*）无论雌雄都有一对粗壮的獠牙暴露在嘴巴外面，很像大象的门齿，并因此而得名。这其实是一对非常发达的上犬齿，终生都在不停地生长。海象的獠牙可以用于自卫，在泥沙中掘取蚌蛤、虾蟹等食物，或在爬上冰块时支撑身体，在冰封的海下，獠牙还能用来凿开冰洞呼吸。雄海象在繁殖季节用这对獠牙相互搏斗，以向异性显示力量。这对獠牙一般可长达50厘米，重5千克。海象的上唇周围有一圈又长又硬的钢髯，毛囊中有血管和神经通过，触觉十分灵敏。海象用它们在北极海岸和浅水的海底寻找小型无脊椎动物为食。

海象一般体长4米，重2吨。当它们在陆地上时，可以用四条小短足爬行，就像海狮一样。而在水中，海象则以摆动整个身体而非四肢划水的方式游泳。

为什么地中海僧海豹越来越罕见了?

仅仅在几十年前，地中海僧海豹（*Monachus monachus*）还在地中海的各个沿岸地区随处可见，每当繁殖季节，总会有数以百计的地中海僧海豹聚集在从毛里塔尼亚到摩洛哥的海岸上。

地中海僧海豹是游泳健将。

而如今，整个地中海地区的僧海豹总数可能已经下降仅存百余只了。地中海僧海豹大量减少的原因主要是流行病的传播、毒海藻的泛滥，特别是大量人类活动对自然环境的破坏。目前，残存的地中海僧海豹主要分布在希腊和土耳其海域，在亚得里亚海、克罗地亚沿岸岛屿、中地中海地区也有少数个体幸存。

地中海僧海豹体长约2米，体重200千克。

海狮为什么有耳朵?

和海豹、象海豹和海象不同，海狮是一类有耳廓的动物——尽管它的耳廓并不发达，而它的希腊语名字也恰恰就是小耳朵的意思。

海狮的外观和体型与海豹非常相近，但它们在陆地上的行动能力要远远超过其他鳍脚类动物。在陆上运动时，海狮科动物主要使用其伸出的前腿，而它的“手腕”可以向外呈90度翻出，展平支撑在地上。后腿则可以折叠到体下，然后将身体向前顶，一折一折地向前爬行。而在水中，它们的潜泳能力较其他同类稍弱。海狮的体长约3米，体重约600千克。

海狮是在陆地上行走得最敏捷的鳍脚类动物。

鳍脚亚目包括哪些动物?

鳍脚亚目是一类已经完全适应了海生环境的肉食动物，它们有流线型的身体，吻部很短，四肢已经演化为鳍。它们在皮下有很厚的脂肪层，可以在冰冷的海水中保持体温并提供浮力。它们的视力非常发达，绝大多数成员的潜水能力很强，可以在水下憋气几十分钟，并可下潜到几百米的深海去捕捉软体动物、甲壳类和鱼类。鳍脚亚目动物一般为群居，在繁殖时会迁徙至温暖水域活动。在迁徙中一般是雄性首先到达繁殖区域并为争夺地盘而展开搏斗，胜利者可以控制约50只雌性组建自己的后宫。

雄性海象的獠牙比雌性长。

灵长目

指猴是一种很丑陋的动物。

眼镜猴的名字从何而来?

眼镜猴(*Philippine tarsier*)的最奇特之处在于眼睛。在它小小的脸庞上，长着两只圆溜溜特别大的眼睛，眼珠的直径可以超过1厘米，和它的小身体非常不相称，就好像戴着一副特大的老式老花眼镜，人们因此给它起了这个十分形象的名字。眼镜猴能在身体不动的情况下让头旋转180度，这有助于它发现周边的任何细微动静，再加上发达的听力，保证了眼镜猴可以在夜晚出击，以捕捉昆虫为食。

各种眼镜猴生活在东南亚的热带雨林中，它们体长一般为15厘米，体重仅150克。它的指头上有圆盘状的指垫和三角形的指甲，善于在树枝间攀爬。眼镜猴之间通过超声波进行联系，这是几乎所有捕食动物都听不到的。

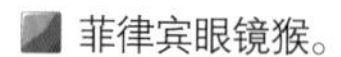

菲律宾眼镜猴。

为什么指猴会有非常发达的中指?

因为指猴(*Daubentonia madagascariensis*)主要依靠中指抠食树干中的昆虫及其幼虫，所以中指发育得比其他指头长很多。指猴主要在夜间活动，喜食昆虫。取食时它常用中指敲击树皮，判断有无空洞，然后贴耳细听，如果听到虫响，就会用门齿将树皮啮一个小洞，再用中指将其中的虫子抠出吃掉。

指猴长约40厘米，重约2千克，是最罕见的100种哺乳动物之一。它们生活在组织严密的群体中，主要分布在马达加斯加西海岸的热带雨林中。

灵长类动物生活在什么地方?

自然状态下的灵长类动物基本都生活在赤道和热带的森林地区，只有我们人类和猕猴能够适应更为寒冷的环境。

分类学知识

灵长目包括哪些动物?

灵长目动物和食虫目、啮齿目动物有较近的亲缘关系，很可能都来自共同的原始祖先。灵长目绝大多数成员都是树栖动物，因此具有很好的攀援能力。它们的爪子有五个指头，其中的拇指和大脚趾发达，可以抓住树干和把握物体。它们的眼睛朝向前方，眶间距窄，具有三维的彩色视觉。也有部分种类的灵长目动物生活在地面上，如狒狒、狮尾狒和一些猕猴，这些动物善于在地面上行走，但它们奔跑的速度并不快。所有这些生活在地面上的灵长类动物都是掌行者，也就是四肢均全掌接地爬行，只有我们人类能长时间直立并依靠双腿行走。

猕猴可以非常灵巧地运用自己的前肢和手部。

为什么狐猴只在马达加斯加岛才有?

位于印度洋西部的马达加斯加岛大约是在距今9千万年前逐渐与非洲大陆分离的，这种地理上的隔绝使这里保存了许多在地球上其他地区早已消失了的奇妙动物。其中非常引人注目的要数狐猴类动物，它们是原猴亚目的重要成员。

狐猴中最小的成员小嘴狐猴，体长不到10厘米，而大狐猴身长约90厘米。所有的狐猴毛发浓密，颜色鲜明，眼睛很大，听觉好于嗅觉，主要以花朵、果实、幼虫和昆虫为食。

分类学知识

原猴亚目包括哪些动物?

原猴亚目主要包括马达加斯加狐猴和其他一些热带动物，例如亚洲的眼镜猴、非洲的婴猴等，都是相对低等的灵长类动物。这些动物基本都是夜行动物，以植物、昆虫和小型脊椎动物为食。它们都有向前的大眼睛，有和猩猩类似的长长手指和扁平手掌，但五趾只能同时伸屈，不能单独活动。原猴亚目动物一般一次产下一只幼崽，幼崽在断奶前会一直与母亲在一起，这个时间大约是4个月。

环尾狐猴有节状的尾巴。

吼猴的声音为什么如此震耳欲聋？

吼猴（*Alouatta seniculus*）生活在中南美洲的热带雨林中，一般以20余只为单位组成猴群。猴群一般由一只雄性吼猴统治，它通过发出吼叫来界定自己的领地和权力。当两只不同猴群的公猴遭遇时，就会彼此发出震耳欲聋的叫声，猴群也会骚动不止。

吼猴属于吼猴属，是一种体型较大的灵长类动物。它们体长约50厘米～1米，体重最高可达12千克。

吼猴的尾巴很长，尾端毛发稀少且生着厚厚的皮，可以用来帮助它们在树枝间攀爬。

为什么山魈会给人留下深刻的印象？

山魈（*Mandrillus sphinx*）可能是颜色最为鲜艳的哺乳动物了，它的脸很长，鼻梁鲜红，鼻两侧有深深的纵纹，颔下有一撮山羊胡子，头部掩映于长毛之中，身上的毛为褐色，蓬松而茂密；腹部为淡黄褐色，背后是红色，臀部因富集了大量血管而呈紫色。当山魈情绪激动时，身体颜色会更为明显。除此以外它还有两颗用于自卫的长獠牙。

山魈是杂食性动物，生活在非洲赤道地区的热带雨林中。山魈主要在地面上活动，但为了更安全地休息，它们也会爬到树上。

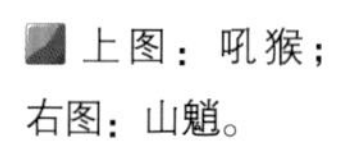

上图：吼猴；右图：山魈。

分类学知识

哪些动物属于猴子？

灵长类中最大的一个群体就要算是猴子了，传统上将它们归为原猴亚目。灵长目动物与原猴亚目不同，其成员大多在日间活动，主要以植物为食。它们结群而居，猴群一般由一只雄性统治。猴子中体型最小的成员生活在中美和南美地区，属于阔鼻猴类，也称新世界猴。它们的鼻子宽而扁，鼻孔开向侧方。而体型最大的猴子则生活在欧亚大陆和非洲，被称为旧世界猴，属于狭鼻猴类，它们的鼻尖狭窄，鼻孔向下。

雄性长鼻猴，它是生活在印度尼西亚的狭鼻猴类。

为什么日本猕猴超爱洗温泉?

日本猕猴（*Macaca fuscata*）也被称为雪猴，主要生活在日本的山地地区，在那里冬季的气温可以下降到零下15℃以下。为了抗御严寒，日本猕猴非常热衷于在温泉中洗澡，并逐渐成为游泳的能手。

日本猕猴是群居动物，它们的猴群一般由若干只雌猴和雄猴组成，总数在十几只左右。它们是一种非常聪明的动物，知道食物在清洗后可以使上面的土块分离，味道会更好。最近的研究发现，它们之间可能存在一种相当复杂的语言沟通形式。

日本猕猴主要吃种子、根茎、嫩芽、水果、鸟卵、蘑菇、无脊椎动物，在一些偶然情况下也吃鱼。雄猴的体型大约是雌性的一倍大，体长可以达1米，重约12千克。

好奇心

灵长类为什么爱惜仪容仪表?

很多灵长类动物都对自己的仪容仪表爱护有加，其中黑猩猩、山魈、大猩猩更是热衷此道。这种行为不仅有清除体表寄生虫的功用，更具有重要的社会功能，有利于加强群体的凝聚力，促进不同性别成员的亲近程度，解决个体间可能存在的争端。通过相互整理仪容仪表，灵长类群体的成员可以相互留下嗅觉信息；通过肢体语言、声音表达和面部表情，规范和协调相互的关系。这事实上为后来人类社会的出现和发展奠定了基础。

两只狮尾狒正在互相捉虱子。

泡温泉是日本猕猴抵御严寒的绝招。

为什么说黑猩猩和倭黑猩猩是我们人类的表亲?

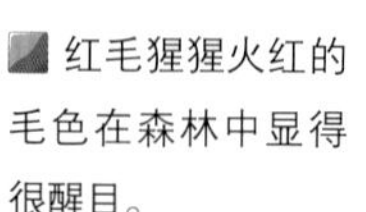

黑猩猩(*Pan troglodytes*)和倭黑猩猩(*Pan paniscus*)是与人类关系最为紧密的动物,它们有98%的遗传信息与我们是完全相同的。我们和它们的祖先直到距今450万年前才各自走上了不同的进化道路。

黑猩猩和倭黑猩猩生活在中部非洲,实验表明,这些动物显示出了很强的计算和逻辑思考能力,并可以学习手语,能掌握300多个不同的词汇。同时,它们还在实验中显示出了一定程度的自我意识,可以有效地表达激动、失望、快乐、痛苦、害怕和伤心等复杂的情感。

午休中的一刻。

红毛猩猩火红的毛色在森林中显得很醒目。

为什么红毛猩猩的前臂那么长?

红毛猩猩(*Pongo pygmaeus*)也叫人猿,是一种生活在树上的灵长类动物。每天它都要花大把的时间在森林的树梢间游荡,寻找果实、昆虫和鸟卵。它的身体结构非常有趣,前臂远远长过后肢,肩部关节非常灵活,可以在树枝间荡跳前进,一次可以前进10余米。

分类学知识

什么样的动物属于猿?

人们习惯上把所有在身体和智力上与人类相似的灵长类动物称为猿。它们的特点包括:体型较大,前肢因为拥有可对立的拇指,可以准确地抓握东西,和猴子相比尾巴很短或已经消失,杂食并具有复杂的社会性行为方式。猿类广泛分布在亚洲和非洲,主要包括黑猩猩、红毛猩猩、大猩猩及由长臂猿科动物。

黑猩猩母子。

如果的确需要，红毛猩猩也可以到地面上活动，四肢着地缓慢爬行，直到找到一棵新树为止。

红猩猩属是猩猩亚科中仅存的一属，共有两种，即婆罗洲猩猩与苏门答腊猩猩，主要分布在婆罗洲、苏门答腊等地。雄性的红毛猩猩身高约1.5米，体重约60千克。

为什么说山地大猩猩是一种濒临灭绝的动物？

最新的科学研究表明，山地大猩猩（*Gorilla beringei beringei*）的数量在近年中虽有缓慢增长，但仍仅存几百只。在近十年中，由于不断受到偷猎、来自人类传染病的侵袭，特别是受在其主要居住区乌干达、卢旺达、刚果民主共和国等地先后爆发的内战的影响，山地大猩猩这种大型灵长类动物已经濒临灭绝。

山地大猩猩身高近2米，体重约200千克。相比其他大猩猩，它们的毛更黑更长，因此它们可以生活在高海拔及较为寒冷的地方。它们是日间活动的陆生动物，以草食为主，一般结群生活，由一只雄性成年大猩猩统治，群体中包括一些雌性大猩猩、年轻的雄性大猩猩和幼崽。在达到性成熟时，雄性个体的背部会长出一束灰色或银色的毛，这是它最明显的标志。

上图：雌性大猩猩和它的幼崽；下左图：雄性大猩猩。

历史与文化

裸猿是从哪里来的?

我们今天的人类全部都属于智人（*Homo sapiens*），我们的祖先来自20万年前的非洲大陆。如果从更远古的祖先来说，我们人类与所有的猿和猴都有亲缘关系，可以说我们其实也是一种猿——裸猿。如果我们再把时间向前推，我们和食虫目及啮齿目也有一定的亲缘关系。在这条漫长的进化征程上，大约在400万年前，我们的祖先学会了直立和双足行走；大约在250万年前，我们祖先的大脑逐渐变大，社会性日渐加强并成功制造出了第一批工具。事实上，从距今4万年前起，我们体征的改变就已经显得微乎其微了，但我们的思考能力和社会组织能力却取得了突飞猛进的发展。同时我们在另一个领域取得了独一无二的突破，发展出了一种日益复杂，能表达极其复杂问题的声音沟通方式——语言。

图片来源

注：以上页码为原书页码。

The drawings of the little scientists accompanying the questions are created by Simone Massoni / Archivio Giunti.

Unless otherwise stated, images belong to the Archivio Giunti.

Where it has proved impossible to trace the source of images, the Publisher
is willing to acknowledge the rights that may be due.

图书在版编目（CIP）数据

动物王国新百科 /(意) 米洛编著；王昊译 .—北京：同心出版社，2015.5

ISBN 978-7-5477-1542-0

Ⅰ．①动… Ⅱ．①米…②王… Ⅲ．①动物 - 问题解答 Ⅳ．① Q95-44

中国版本图书馆 CIP 数据核字 (2015) 第 083959 号

www.giunti.it

Original title: I libri dei perché - Gli Animali

Texts by Francesco Milo

Graphic design,layout and editing:

Pier Paolo Puxeddu+Francesca Vitale studio associato

著作权合同登记号 图字:01-2014-4547 号

编　　著：[意] 弗朗西斯科 · 米洛

翻　　译：王　昊

审　　校：靳　旭

策　　划：书影暗香 双蝎工作室

出版发行：同心出版社

地　　址：北京市东城区东单三条 8-16 号 东方广场东配楼四层

邮　　编：100005

电　　话：发行部：（010）65255876　　总编室：（010）65252135-8043

网　　址：www.beijingtongxin.com

印　　刷：河北鑫宏源印刷包装有限责任公司

经　　销：各地新华书店

版　　次：2015 年 5 月第 1 版　2015 年 5 月河北第 1 次印刷

开　　本：787 毫米 ×1092 毫米　1/16

印　　张：11.75

字　　数：250 千字

定　　价：78.00 元